Laser in der Materialbearbeitung
Forschungsberichte des IFSW

U. Mohr
Geschwindigkeitsbestimmende
Strahleigenschaften und
Einkoppelmechanismen beim
CO_2-Laserschneiden von Metallen

Laser in der Materialbearbeitung
Forschungsberichte des IFSW

Herausgegeben von
Prof. Dr.-Ing. habil. Helmut Hügel, Universität Stuttgart
Institut für Strahlwerkzeuge (IFSW)

Das Strahlwerkzeug Laser gewinnt zunehmende Bedeutung für die industrielle Fertigung. Einhergehend mit seiner Akzeptanz und Verbreitung wachsen die Anforderungen bezüglich Effizienz und Qualität an die Geräte selbst wie auch an die Bearbeitungsprozesse. Gleichzeitig werden immer neue Anwendungsfelder erschlossen. In diesem Zusammenhang auftretende wissenschaftliche und technische Problemstellungen können nur in partnerschaftlicher Zusammenarbeit zwischen Industrie und Forschungsinstituten bewältigt werden.

Das 1986 gegründete Institut für Strahlwerkzeuge der Universität Stuttgart (IFSW) beschäftigt sich unter verschiedenen Aspekten und in vielfältiger Form mit dem Laser als einer Werkzeugmaschine. Wesentliche Schwerpunkte bilden die Weiterentwicklung von Strahlquellen, optischen Elementen zur Strahlführung und Strahlformung, Komponenten zur Prozeßdurchführung und die Optimierung der Bearbeitungsverfahren. Die Arbeiten umfassen den Bereich von physikalischen Grundlagen über anwendungsorientierte Aufgabenstellungen bis hin zu praxisnaher Auftragsforschung.

Die Buchreihe „Laser in der Materialbearbeitung – Forschungsberichte des IFSW" soll einen in Industrie wie in Forschungsinstituten tätigen Interessentenkreis über abgeschlossene Forschungsarbeiten, Themenschwerpunkte und Dissertationen informieren. Studierenden soll die Möglichkeit der Wissensvertiefung gegeben werden. Die Reihe ist auch offen für Arbeiten, die außerhalb des IFSW, jedoch im Rahmen von gemeinsamen Aktivitäten entstanden sind.

Geschwindigkeitsbestimmende Strahleigenschaften und Einkoppelmechanismen beim CO_2-Laserschneiden von Metallen

Von Dr.-Ing. Ursula Mohr
Universität Stuttgart

B. G. Teubner Stuttgart 1994

D 93

Als Dissertation genehmigt von der Fakultät für Konstruktions- und Fertigungstechnik der Universität Stuttgart.

Hauptberichter: Prof. Dr.-Ing. habil. H. Hügel
Mitberichter: Prof. Dr.-Ing. K. Siegert

Die Deutsche Bibliothek – CIP-Einheitsaufnahme

Mohr, Ursula:
Geschwindigkeitsbestimmende Strahleigenschaften und
Einkoppelmechanismen beim CO_2-Laserschneiden von
Metallen / von Ursula Mohr. – Stuttgart : Teubner, 1994
  (Laser in der Materialbearbeitung)
  Zugl.: Stuttgart, Univ., Diss.
  ISBN 978-3-519-06207-3   ISBN 978-3-322-91183-4 (eBook)
  DOI 10.1007/978-3-322-91183-4

Einband: E. Kretschmer, Leipzig

meinen Eltern

meinen Schwiegereltern

und

meinen zwei Männern

Kurzfassung

An Hand umfangreicher und vor allem vergleichbarer Schneidexperimente an einem breiten Werkstoffspektrum, zu dem einerseits die zum Stand der Laserschneidtechnik zählenden Stähle, Aluminium- und Titanwerkstoffe gehören, und andererseits auch für diese Fertigungstechnik neue Materialien, wie Molybdän oder Silber, bietet diese Arbeit detaillierte Untersuchungen zum CO_2-Laserschneiden von Metallen. Weiterführende Experimente zur Energieeinkopplung während des Laserschneidens zeigen gemeinsam mit Simulationsrechnungen, daß zur Erklärung des Schneidprozesses eine skalare Energiebetrachtung, die die Absorption über die Schnittfront aufintegriert, nicht ausreicht. So wird ein neues Verständnis des Laserschneidens aufgezeigt, das in einem zweifachen Zugang erarbeitet wird.

Einerseits werden dem Prozeß übergeordnete Prinzipien erarbeitet, die es ermöglichen, Aussagen über das Trennen der unterschiedlichsten Metalle mit Lasern verschiedener Leistungsklassen und mit stabilem oder instabilem Resonator zu treffen. Als Schneidlaser werden zwei handelsübliche Laser mit stabilem Resonator und 1,5 kW beziehungsweise 5 kW Ausgangsleistung und ein am Institut für Strahlwerkzeuge entwickelter 4 kW-Laser mit instabilem Resonator eingesetzt. Die Interpretation der Experimente zeigt das für die Verbreitung des Laserschneidens wichtige Ergebnis, daß *jedes* Metall getrennt werden kann, sobald die durch Wärmeleitungsverluste bedingte Schwelleistung überwunden wird, wobei sich Laser mit instabilem Resonator als gleichwertiges Werkzeug für die Fertigungstechnik wie die breit eingeführten Laser mit stabilem Resonator erweisen.

Durch eine reduzierte Darstellung, die durch das Produkt aus maximaler Trenngeschwindigkeit und Schnittspaltbreite als Funktion der auf die Materialstärke normierten Laserleistung die pro Zeiteinheit benötigte Energie zum Erzeugen der Schnittfuge zusammenfaßt, wird dem Anwender ein geeignetes Hilfsmittel zur Abschätzung möglicher Schneidgeschwindigkeiten angeboten, das auf *einer* experimentell ermittelten Versuchsreihe basiert. Bei Materialien, deren Schmelze mit dem zur Verfügung stehenden Schneidgasstrahl ausgetrieben werden kann, bietet diese Aufbereitung der Schneiddaten die Möglichkeit zur breiten Extrapolation auf gewünschte Materialstärken, veränderte Laserstrahlfokussierungen oder Laserleistungsklassen.

Andererseits wird durch Darstellung einer lokalen Selbstregelung des Prozesses das Verständnis der Wechselwirkung Laserstrahl-Werkstück vertieft. Ein Schnitt zeigt sich als Ergebnis eines feinen Zusammenspiels von entlang der Schnittfront lokal variierender Absorption, Wärmeleitung und Austriebsmechanismen zusammen mit einer sich anpassenden Schnittfugenbreite, einer sich verschiebenden Schnittfront und dadurch einer sich ändernden Position des Laserstrahlzentrums im Verhältnis zur Front. Einen direkt zu messenden Einfluß auf die erreichbaren Schneidgeschwindigkeiten üben diese sich selbst regelnden Mechanismen beim Trennen mit unterschiedlichen Laserstrahlpolarisationen aus. Experimente zeigen, daß bei gegebener Prozeßgeschwindigkeit die jeweils günstigere Polarisationsart abhängig ist von Werkstückdicke, Werkstoff und Austrieb, wobei die zirkulare Polarisation bei großen Schneidgeschwindigkeiten günstiger sein kann als die linear, parallel zur Verfahrrichtung ausgerichtete Polarisation.

Inhaltsverzeichnis

Verzeichnis der Symbole

A Absorptionsvermögen

$A_{D/W}$ Abstand zwischen Düsenstirnfläche und Werkstückoberseite

b Schnittfugenbreite

c Wärmekapazität

d Werkstückdicke

D Durchmesser eines Laserstrahls auf einer Bearbeitungsoptik

D_a Außendurchmesser der Intensitätsverteilung eines instabilen Resonators im Nahfeld

D_i Innendurchmesser der Intensitätsverteilung eines instabilen Resonators im Nahfeld

$\vec{E}$ elektrischer Feldstärkevektor des Laserstrahls

E_S Einkoppelgrad eines Werkstücks während des Laserschneidens

f Schnittweite einer Bearbeitungsoptik

F F-Zahl

f_k verkürzte Schnittweite einer Bearbeitungsoptik

f_S Schnittweite einer Sammellinse

h_S Schmelzenthalpie

I Intensitätsverteilung eines Laserstrahls

k Absorptionskonstante

K Strahlqualitätszahl

K_W Wärmeleitfähigkeit

M Magnifikation

n reeller Brechungsindex

$\tilde{n}$ komplexer Brechungsindex

P Raumwinkelleistung eines Laserstrahls

$P_{0°}$ Symmetriepunkt der simulierten Schnittfront

$P_{90°}$ Übergang der simulierten Schnittfront in die Schnittfugenflanken

P_{db} Leistungsbedarf zum Trennen eines Metalls der Stärke d mit der Fugenbreite b

Pe Peclet-Zahl

P_E Leistung, die verbraucht wird, um das Material einer Schnittfuge auf Schmelztemperatur zu erwärmen

p_K Kesseldruck

P_L Laserleistung

P_{LS} Laserschwelleistung

P_{max} maximale Ausgangsleistung eines Lasers

P_N ohne Beeinflussung durch das Werkstück an diesem vorbeilaufender Anteil der Laserleistung

P_{sf} auf die Schnittfront auftreffender Anteil der Laserleistung

P_S Leistung, die verbraucht wird, um das Material einer Schnittfuge aufzuschmelzen

P_{sol} Summe aus den Wärmeleitungsverlusten beim Schneiden und der Leistung, die zum Erwärmen des Fugenmaterials auf Schmelztemperatur benötigt wird

P_{trans} Anteil der Laserleistung, der unterhalb des Werkstücks auftritt

P_0 Leistung, die verbraucht wird, um das Material einer Schnittfuge über die Schmelztemperatur hinaus zu erhitzen

P_v auf das Werkstück vorlaufender Anteil der Laserleistung

P_W Wärmeleitungsverluste

R Reflexionsvermögen

r_G Radius des Gaußmodes TEM_{00}

R_z gemittelte Rauhtiefe

T Werkstofftemperatur

T_0 Umgebungstemperatur

$T_{0°}$ Temperatur im Punkt $P_{0°}$

$T_{90°}$ Temperatur im Punkt $P_{90°}$

T_m maximale, lokale Temperatur der Schmelze beim Laserstrahlschneiden

T_P Prozeßtemperatur

T_S Schmelztemperatur

$T_{S\,Ox}$ Schmelztemperatur eines Metalloxids

T_V Verdampfungstemperatur

v Schneidgeschwindigkeit

v_{max} maximale Schneidgeschwindigkeit

V Vorlauf

α Schnittfrontneigungswinkel

α' Reflexionswinkel, unter dem der Laserstrahl an der Schnittfront reflektiert wird

Δ_M Abstand des Laserstrahlmittelpunkts von der Schnittfront in der zweidimensionalen Betrachtung

ε Einfallswinkel, unter dem ein Lichtstrahl auf eine Oberfläche auftritt

κ Temperaturleitfähigkeit

λ Wellenlänge

σ kennzeichnet eine zirkulare Laserstrahlpolarisation

φ Ablenkwinkel des an der Schnittfront reflektierten Laserstrahls

ϱ Werkstoffdichte

ω Kreiswinkel

$\varnothing_f$ Durchmesser des Laserstrahls im Fokus einer Bearbeitungsoptik der Schnittweite f

$\varnothing_{S\text{-}d\ddot{u}se}$ Öffnungsdurchmesser der Standarddüse

$\perp$ kennzeichnet eine Laserstrahlpolarisation linear senkrecht zur Verfahrrichtung

$/\!/$ kennzeichnet eine Laserstrahlpolarisation linear parallel zur Verfahrrichtung

1 Ausgangssituation und Zielsetzung der Arbeit

Auf Grund schmaler Schnittfugen, kleiner wärmebeeinflußter Zonen, fehlenden Verschleißes des Werkzeugs und eines durch CNC-Bearbeitungsmaschinen flexiblen Einsatzes ist das Lasertrennen in der industriellen Fertigung weit verbreitet. Nachdem 1979 die erste kombinierte Laserschneid- und Stanzanlage auf dem europäischen Markt eingesetzt wurde /1/, sind seit 1984 das Trennen entlang ebener Konturen und seit 1987 das Schneiden dreidimensional geformter Stahlbleche Stand der Technik /2/.

Parallel zur Entwicklung immer leistungsstärkerer CO_2-Laser bei verbesserten Strahlqualitäten wurden von Industrie- und Forschungseinrichtungen sowohl das Spektrum der bearbeitbaren Werkstoffe als auch Schnittqualitäten und Trenngeschwindigkeiten vergrößert. So werden heute neben Bau- /3/ und Edelstählen /4/ die als schwer trennbar geltenden Aluminium- und Titanlegierungen /5/ und auch das bis 1986 als nicht laserschneidbar eingestufte Kupfer /6/ bearbeitet. Aber noch immer ist nicht geklärt, unter welchen Bedingungen ein Metall mit einem CO_2-Laser geschnitten werden kann.

Während sich die Praktiker auf Konturenschnitte und die Optimierung der Schnittqualität, speziell auf *ihre* Anlage und *ihren* Laser bezogen, konzentrieren, werden in wissenschaftlichen Veröffentlichungen jeweils *einzelne* Aspekte des Schneidens, wie zum Beispiel die Absorption der Laserstrahlung, eine Abschätzung der Wärmeleitungsverluste, der Austrieb der Schmelze oder veränderte Materialeigenschaften der Schnittflanken am Beispiel ausgesuchter Werkstoffe behandelt. Folgerichtig aus dieser unübersichtlichen Datenansammlung stellt sich das Laserschneiden von Metallen als ein Fertigungsverfahren dar, das im konkreten Anwendungsfall mühselig experimentell ausgetestet werden muß.

In dieser Arbeit soll deshalb eine einheitliche Darstellung des Trennens von Metallen mit CO_2-Lasern erarbeitet werden, die einen Vergleich des Schneidens einzelner metallischer Werkstoffe als auch des Einsatzes unterschiedlicher Lasersysteme erlaubt. So werden zum ersten Mal systematische Schneidexperimente unter gleichen Versuchsbedingungen an Baustahl und einer Vielzahl von Nichteisenmetallen, unter anderem Aluminium, Kupfer, Molybdän und Silber, mit Lasern unterschiedlicher Leistungsklassen durchgeführt. Durch Einbeziehung eines CO_2-Lasers mit instabilem Resonator werden neueste Entwicklungstendenzen berücksichtigt, die im Bereich der zum Trennen geeigneten Laser höchster Leistungsklasse dieses Resonatorkonzept verfolgen.

2 Grundlagen des Trennens mit CO_2-Lasern

Um die Fragestellung dieser Arbeit nach den geschwindigkeitsbestimmenden Strahleigenschaften und Einkoppelmechanismen beim CO_2-Laserschneiden von Metallen in ihrer Bedeutung für die Fertigungstechnik darstellen zu können, wird das Laserschneiden als ein komplexes Zusammenspiel eines fokussierten Laserstrahls und eines gebündelten Gasstrahls mit einem Werkstück gezeigt. Nach Erarbeitung der wesentlichen Grundlagen des Schneidens, zu denen die Laserstrahleinkopplung ins Werkstück während des Prozesses und die Erzeugung eines fokussierten Laser- und Gasstrahls gehören, kann der Stand des Wissens fundiert vorgestellt und auf Lücken überprüft werden. Dies führt dann zur konkreten Aufgabenstellung der Arbeit.

Das Trennen mit Laserstrahlen gehört zu den thermischen Abtragverfahren, siehe DIN 2310 /7/, und wird in drei Kategorien eingeteilt: das Schmelzschneiden, das Brennschneiden und das Sublimierschneiden. Bei allen drei Verfahrensmodifikationen wird ein Laserstrahl auf das zu schneidende Werkstück gelenkt. Durch die vom Werkstück absorbierte Energie des Laserstrahls wird dieses entweder überwiegend lokal aufgeschmolzen (Schmelz- und Brennschneiden) oder überwiegend verdampft (Sublimierschneiden) und durch Druck- und Reibungskräfte eines Gasstrahls ausgetrieben. Durch Verfahren der Wechselwirkungszone längs der gewünschten Kontur entsteht die Schnittfuge, die die Werkstückteile trennt. Beim sogenannten Laserbrennschneiden, bei dem als Schneidgas ein reaktives Gas benutzt wird, wird der Prozeß durch die entstehende exotherme Energie unterstützt.

Um die für ein Erwärmen und Aufschmelzen oder Verdampfen des Werkstücks notwendige Energieflußdichte des Laserstrahls zu erreichen, muß dieser auf das Werkstück fokussiert werden. Ebenso fordern die für den Materialaustrieb benötigten Druck- und Reibungskräfte eine Bündelung des Gasstrahls.

Mit den zur Zeit zur Verfügung stehenden Energieflußdichten der CO_2-Laser können bei Metallen ausschließlich Schmelz- und Brennschnitte durchgeführt werden /8/. Bei der Bearbeitung nichtmetallischer Werkstoffe wird dagegen auch eine Sublimation des Materials beobachtet /9/.

So ist es für das Verständnis der Wechselwirkung zwischen Metall und Laser- sowie Gasstrahl ausreichend, im folgenden die Einkopplung des Laserlichts während des Schmelz- und Brennschneidens zu erläutern. Da die Lichtabsorption an Metallen abhängig von der Wellenlänge der einfallenden Strahlung ist, wird die Darstellung der Absorptionstheorie auf eine Bestrahlung mit 10,6 µm konzentriert. Dausinger /10/ zeigt, wie sich eine Änderung der Wellenlänge des einfallenden Lichts, wie sie zum Beispiel durch Arbeiten mit einem Nd-YAG-Laser gegeben ist, auf den Prozeß auswirkt.

2.1 Theorie der Lichtabsorption an Metallen

Wie Schulz et al. /11/ 1987 zeigten, kann durch die klassische Theorie der Lichtabsorption an glatten Metalloberflächen die Einkopplung des Laserstrahls beim Trennen vollständig erklärt werden. Nach dieser Theorie reagiert einfallendes Licht vor allem mit dem Elektronengas der Metalle, das aus den für die Metalle charakteristischen, frei beweglichen Leitungselektronen gebildet wird. Die kurzzeitig von den Elektronen absorbierte Lichtenergie wird während einer beschleunigten Bewegung der Elektronen wieder zurückreflektiert. Durch Stöße mit dem Metallgitter können die Elektronen aber auch ihre Energie an das Metall abgeben /12/, das dadurch erwärmt wird: das Werkstück absorbiert das Laserlicht. Neben den Gitterschwingungen und Störstellen, die die Beweglichkeit des Elektronengases einschränken, beeinflussen der Einfallswinkel der Lichtwelle zur Werkstückoberfläche und ihr Polarisationszustand die Absorption. Wie dies von den Fresnelschen Formeln /13/ beschrieben wird, soll im folgenden kurz dargestellt werden.

Die Wechselwirkung zwischen einem Metall und elektromagnetischer Strahlung ist nicht nur eine Funktion der Stoffwerte des Metalls, sondern auch der Wellenlänge λ der einfallenden Strahlung. Sie wird beschrieben durch den komplexen Brechungsindex $\tilde{n}$, der eine Funktion von λ ist. Die Größe $\tilde{n}$ setzt sich nach

$$\tilde{n} = n - i \cdot k \qquad (2.1)$$

aus dem reellen Brechungsindex n und der Absorptionskonstanten k zusammen. Hagen-Rubens und Drude /12/ leiten den komplexen Brechungsindex für die Wellenlänge von 10,6 µm der CO_2-Strahlung aus experimentell zugänglichen Größen ab.

Das Reflexionsvermögen R des Metalls, das angibt, welcher Prozentsatz einer senkrecht auf dessen Oberfläche einfallenden Intensität reflektiert wird, kann unter Kenntnis des komplexen Brechungsindex bestimmt werden nach:

$$R = \frac{(n-1)^2 + k^2}{(n+1)^2 + k^2} \qquad . \qquad (2.2)$$

Da die Metalle für Strahlung des infraroten Spektralbereichs undurchsichtig sind, die Transmission also gleich Null ist, kann das Absorptionsvermögen A nach

$$A = 1 - R \qquad (2.3)$$

bestimmt werden. Auf Grund des großen Reflexionsvermögens wird nur ein geringer Teil der einfallenden Strahlung absorbiert, der größte Anteil wird reflektiert. Tabelle 2.1 stellt das Reflexionsvermögen einiger ausgesuchter Metalle bei senkrecht einfallender Strahlung von 10,6 µm zusammen.

Metall	Ag	Al	Cu	Fe	Mg	Mo	Ti
R	0,989	0,981	0,981	0,957	0,968	0,975	0,930

Tabelle 2.1: Reflexionsvermögen R (senkrechter Einfall) verschiedener Metalle bei 10,6 μm-Strahlung nach /14/.

Nach Fresnel /13/ sind Absorptionsvermögen und Reflexionsvermögen bei nicht senkrechtem Einfall abhängig vom Einfallswinkel ε und der Polarisationsrichtung des auftreffenden Lichts. Dabei wird die Richtung des elektrischen Feldvektors eines Lichtstrahls die Polarisationsrichtung des Strahls genannt /15/. Die Einfallsebene wird definiert als die Ebene, die aufgespannt wird durch einfallenden und reflektierten Lichtstrahl zusammen mit der Normalen auf die reflektierende Oberfläche.

Die Fresnelgleichungen (2.4) für linear senkrecht (⊥) und für linear parallel (∥) zur Einfallsebene polarisiertes Licht beschreiben das Reflexionsvermögen als Funktion des Einfallswinkels ε folgendermaßen:

$$R_\perp(\varepsilon) = \left| \frac{\cos\varepsilon - \sqrt{\bar{n}^2 - \sin^2\varepsilon}}{\cos\varepsilon + \sqrt{\bar{n}^2 - \sin^2\varepsilon}} \right|^2$$

$$R_\parallel(\varepsilon) = \left| \frac{\dfrac{\cos\varepsilon - \sqrt{\bar{n}^2 - \sin^2\varepsilon}}{\sqrt{\bar{n}^2 - \sin^2\varepsilon} \cdot \cos\varepsilon + \sin^2\varepsilon}}{\dfrac{\cos\varepsilon + \sqrt{\bar{n}^2 - \sin^2\varepsilon}}{\sqrt{\bar{n}^2 - \sin^2\varepsilon} \cdot \cos\varepsilon - \sin^2\varepsilon}} \right|^2 \cdot$$

$$(2.4)$$

Zur Veranschaulichung zeigt Bild 2.1 am Beispiel Aluminium und Eisen bei deren jeweiliger Schmelztemperatur, wie das Absorptionsvermögen für parallel zur Einfallsebene polarisiertes Licht ($A_\parallel$) und für senkrecht zur Einfallsebene polarisiertes Licht ($A_\perp$) der Wellenlänge 10,6 μm vom Einfallswinkel abhängt. Es wird ein für alle Metalle typisches Verhalten deutlich, daß parallel zur Einfallsebene polarisiertes Licht wesentlich stärker absorbiert werden kann als senkrecht zur Einfallsebene polarisiertes Licht, wobei dessen Einkopplung maximal wird bei Einfallswinkeln zwischen 80° und 90°.

Wie das Modell des frei beweglichen Elektronengases der Metalle /12/ zeigt, wird einfallende Strahlung um so mehr absorbiert, je geringer die Beweglichkeit des Elektronengases ist. Da diese durch Gitterbewegungen und Störstellen im Metall, die mit wachsender Temperatur zunehmen, reduziert wird, nimmt die Absorption mit der Temperatur des Werkstücks zu. Dies verdeutlicht Bild 2.2 am Absorptionsvermögen von Aluminium im Vergleich Raumtemperatur zu Schmelztemperatur.

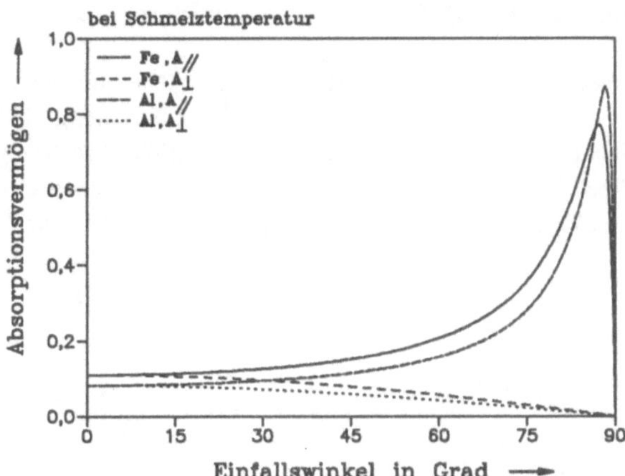

Bild 2.1: Absorptionsvermögen bei 10,6 µm-Strahlung für parallel $A_/$ und senkrecht $A_\perp$ zur Einfallsebene polarisiertes Licht in Abhängigkeit vom Einfallswinkel für Aluminium und Eisen bei Schmelztemperatur, n und k nach /14/ und /16/.

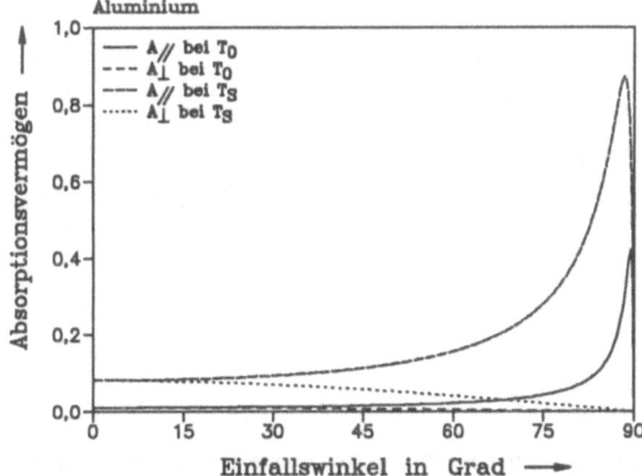

Bild 2.2: Abhängigkeit der Absorptionsvermögen $A_/$ und $A_\perp$ vom Einfallswinkel bei Raumtemperatur T_0 und Schmelztemperatur T_S am Beispiel Aluminium.

Unabhängig ist das Absorptionsvermögen von der Laserleistung und der Strahlungsintensität /11, 12/.

2.2 Die Strahleinkopplung beim Laserschneiden

Die Fresnelgleichungen und Bild 2.1 beschreiben, daß das Absorptionsvermögen eines Metalls vom Einfallswinkel und der Polarisation der einfallenden Strahlung abhängt. So muß zum Verständnis des Schneidprozesses eine auf die Winkelverhältnisse bezogene, geometrische Betrachtung der Wechselwirkungszone durchgeführt werden. Ebenso sollte die Ausrichtung der Polarisation der CO_2-Strahlung im Vergleich zur Bewegungsrichtung betrachtet werden.

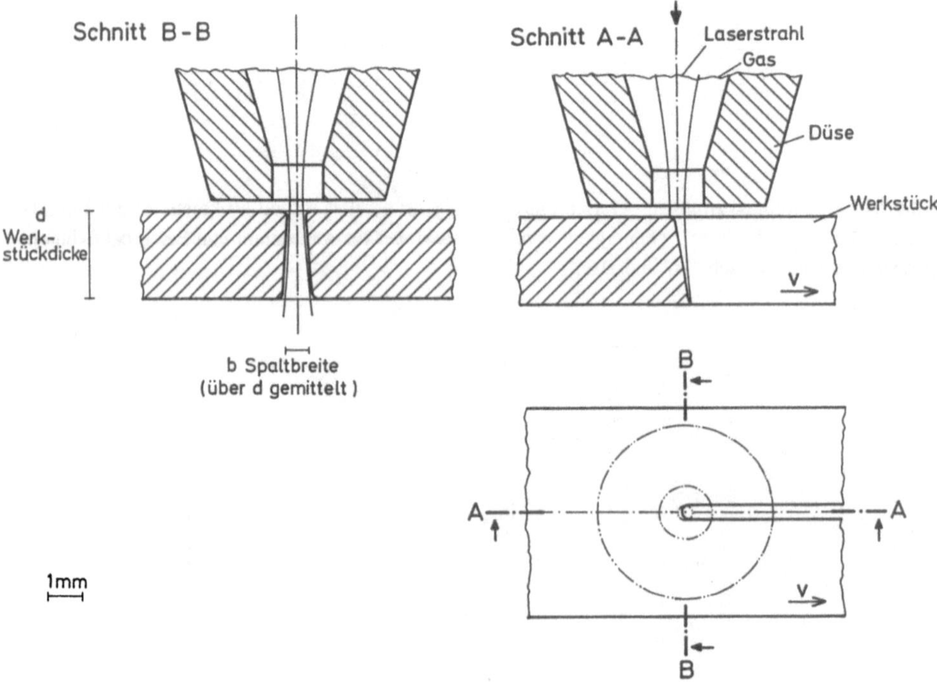

Bild 2.3: Maßstäbliche Skizze der Wechselwirkungszone beim Lasertrennen am Beispiel einer Werkstückdicke von 3 mm, eines Fokusdurchmessers von 0,2 mm und einer Düsenöffnung von 1,5 mm.

Da die Resonatoren von CO_2-Lasern der Leistungsklasse über 1 kW in der Regel durch mehrfache 90°-Umlenkungen in ihrer gerätebaulich linearen Ausdehnung verkürzt werden, wird bei der induzierten Emission diejenige Polarisationsrichtung bevorzugt, die die geringsten Verluste bei der Reflexion an den Umlenkspiegeln erfährt; somit wird ein linear polarisierter Strahl emittiert. Dieser kann durch einen speziell beschichteten Spiegel zirkular polarisiert werden /17/. Da sich, wie Nuß et al. /17/ zeigen, die Ausrichtung der Polarisation im Vergleich zur Verfahrrichtung direkt auf das Schneidergebnis auswirkt, ist es aus Symmetriegründen beim Laserstrahlschneiden nur sinnvoll, linear parallel und linear senkrecht zur Schneidrichtung polarisiertes Laserlicht sowie zirkular polarisiertes zu betrachten. Dabei ist bei der Behandlung zirkularer Polarisation hilfreich, daß sich die zirkulare Polarisation als Überlagerung der linear parallelen und linear senkrechten darstellen läßt.

Im folgenden soll nun die Strahleinkopplung beim Laserschneiden mit Hilfe eines Standardaufbaus, bestehend aus einem Werkstück der Dicke 3 mm, einem auf einen Durchmesser von 0,2 mm fokussierten Laserstrahl und einer zum Laserstrahl koaxialen Düse mit 1,5 mm Öffnungsdurchmesser, erklärt werden. In Bild 2.3 wird maßstäblich die Topographie der Wechselwirkungszone beim Laserschneiden gezeigt. Sie besteht aus dem fokussierten Laserstrahl, der Schneiddüse, durch die der Gasstrahl geformt wird, und aus der Begrenzung zwischen noch nicht getrenntem Werkstück und bereits entferntem Material, der Schnittfront.

Im Schnittbild längs B-B ist die Schnittfuge zu erkennen, die durch Ausblasen der Schmelze entsteht. Sie wird gekennzeichnet durch die Spaltbreite b, die im folgenden definiert sein soll als die über die Werkstückdicke gemittelte Breite. Nach /8, 18, 19/ ist die Spaltbreite von der Größenordnung des Laserstrahldurchmessers am Werkstück. Die Begrenzungen der Schnittflanken zu der Werkstückoberseite und -unterseite können abgerundet sein.

Das Schnittbild längs A-A zeigt die Schnittfront, die vom Laserstrahl beleuchtet wird. Sie bewegt sich mit der Verfahrgeschwindigkeit v, auch Schneidgeschwindigkeit genannt, durch das Werkstück hindurch. Im Bild 2.4 ist eine Ausschnittsvergrößerung des Bereichs um die Schnittfront zu sehen.

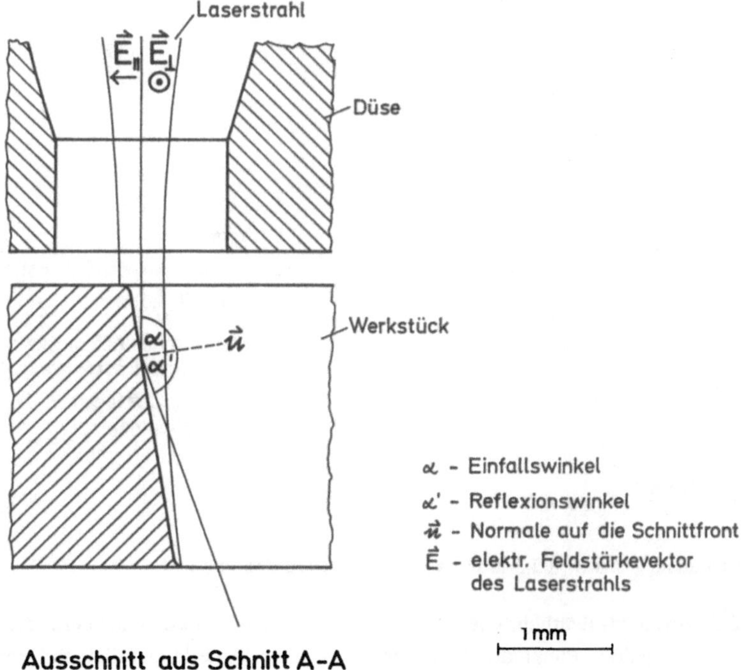

Bild 2.4: Schnitt A-A aus Bild 2.3 in einer Ausschnittsvergrößerung.

Der Einfallswinkel α, der durch die Normale auf die Schnittfront und die Mittellinie des einfallenden Laserstrahls gebildet wird, liegt nach eigenen Untersuchungen und Veröffentlichungen /17, 20/ zwischen 75° und 90°; die Front bildet sich so steil zur Werkstückoberseite aus, damit sie möglichst ganz vom Laserstrahl getroffen wird. Der Ausschnitt zeigt, wie die parallel und senkrecht zur Einfallsebene polarisierten Anteile $\vec{E}_{/}$ und $\vec{E}_{\perp}$ des elektrischen Feldstärkevektors des Laserstrahls ausgerichtet sind. Da der Einfallswinkel α zwischen 75° und 90° liegt, ist sein Wert aus dem Winkelbereich hoher Absorption für linear parallel polarisiertes Licht. Dieses kann auf der Schnittfront lokal, zum Beispiel bei Baustahl, bis zu 80 % absorbiert werden (Bild 2.1). Die senkrecht polarisierten Anteile des Laserlichts werden dagegen nur zu einigen Prozent absorbiert.

Unter dem Reflexionswinkel α' wird der Anteil des Laserlichts, der nicht an der Schnittfront absorbiert wird, reflektiert. Die Anteile des Laserlichts, die auf das noch nicht getrennte Werkstück auftreffen, werden entsprechend ihres Einfallswinkels von 0° nur wenig absorbiert (Tabelle 2.1). In Bild 2.5, einer Ausschnittsvergrößerung der Draufsicht, wird dieser Anteil durch den Vorlauf V gekennzeichnet.

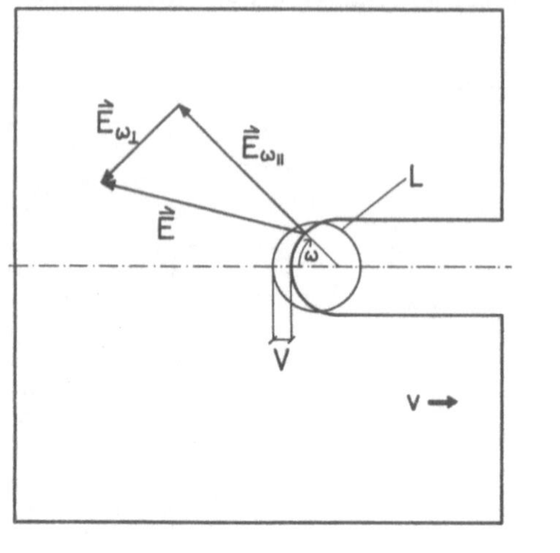

Bild 2.5: Draufsicht aus Bild 2.3 in einer Ausschnittsvergrößerung.

In Bild 2.5 wird auch deutlich, wie ein beliebig orientierter elektrischer Feldstärkevektor des Laserstrahls an jedem Punkt der Schnittfront in seine Anteile parallel und senkrecht zur Einfallsebene zerlegt wird. So ist an jedem Punkt der Front der prozentuale Anteil der auftreffenden Laserleistung, der absorbiert wird, eine Funktion der Orientierung des Feldstärkevektors und der Neigung der Schnittfront in eben diesem Punkt, er wird mit Absorptionsgrad bezeichnet.

Der Einkoppelgrad E_S einer Schnittfront gibt den Anteil der auf ein Werkstück fallenden Laserleistung P_L an, der von dem Werkstück während des Schneidprozesses absorbiert wird. E_S wird bestimmt durch die *Neigung der Schnittfront*, die *Temperatur des Werkstücks* und auch durch den *Vorlauf des Laserstrahls* vor der Front. Beim Brennschneiden mit Sauerstoff, bei dem sich auf der Schnittfront eine Oxidhaut bildet, wird der Einkoppelgrad des Werkstücks dadurch erhöht, daß die sich bildenden Oxide besser als die reine Metalloberfläche infrarotes Licht absorbieren /21/. Diese Erhöhung des Einkoppelgrads durch die *Oxidation der Schnittfront* vergrößert noch zusätzlich zu dem Energiegewinn durch die exotherme Reaktion die dem Prozeß beim Brennschneiden mit Sauerstoff zur Verfügung stehende Energie. Im folgenden sollen die Überlegungen zur Strahleinkopplung an einer Schnittfront, die oben mittels der Fresnelschen Gleichungen beschrieben wurde, an zwei Beispielen untersucht werden: Um einen Schmelzschnitt zu modellieren, werden Eisen und Aluminium jeweils nahe Schmelztemperatur betrachtet. Die Absorption wird ausschließlich mittels des komplexen Brechungsindex mit den Fresnelschen Gleichungen berechnet, da auf der Schnittfront keine Oxidschicht haften soll. Der Verlauf der Schnittfront wird mittels eines Halbzylinders beschrieben, der unter dem Neigungswinkel α zum Laserstrahl steht.

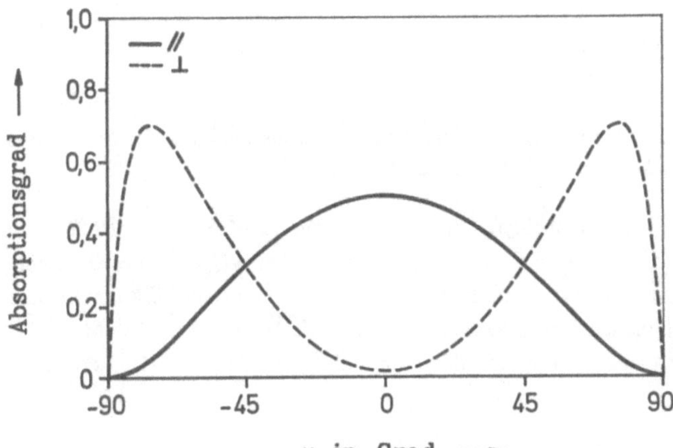

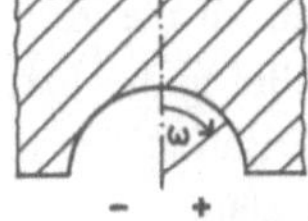

Bild 2.6: Der Absorptionsgrad längs einer halbzylinderförmigen Schnittfront, die unter 81° zur Werkstückoberseite geneigt ist, für Eisen bei 1500°C, bei parallel (//) und senkrecht (⊥) zur Verfahrrichtung polarisierter Strahlung.

Bild 2.6 stellt den Absorptionsgrad längs der Schnittfront, beschrieben durch den Kreiswinkel ω, bei einer Neigung α von 81° für Eisen dar. Es wird linear parallel und senkrecht zur Verfahrrichtung polarisiertes Laserlicht verglichen. Linear parallel zur Schneidrichtung polarisiertes Licht wird vorwiegend unter kleinen Kreiswinkeln ω absorbiert, senkrecht polarisiertes dagegen am Übergang von der Schnittfront zu den Flanken.

Unter Vernachlässigung eines Vorlaufs ergibt sich der Einkoppelgrad der Schnittfront durch Aufsummieren des Absorptionsgrads längs der Fuge. In Bild 2.7 wird der so berechnete Einkoppelgrad der halbzylindrischen Schnittfront als Funktion der Neigung des Halbzylinders für linear parallel und linear senkrecht zur Verfahrrichtung sowie zirkular polarisiertes Licht bei Aluminium nahe Schmelztemperatur verglichen.

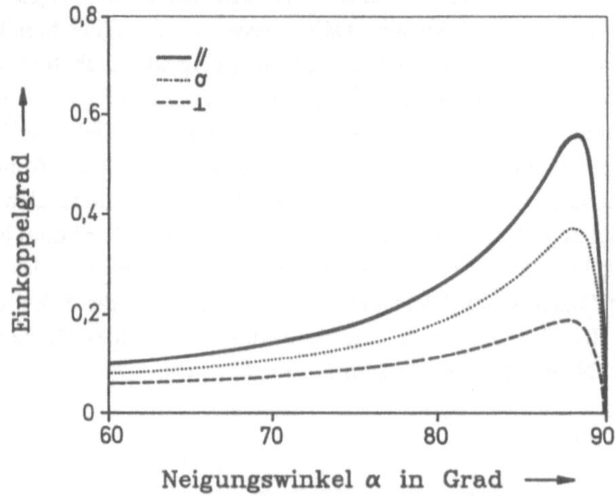

Bild 2.7: Der Einkoppelgrad einer halbzylinderförmigen Schnittfront als Funktion des Schnittfrontneigungswinkels α zur Werkstückoberseite für Aluminium bei 660°C.

Es zeigt sich, daß für parallel zur Schneidrichtung polarisiertes Laserlicht die größten, für senkrecht polarisiertes Licht die kleinsten Einkoppelgrade errechnet werden. Die Einkoppelgrade für die zirkulare Polarisation, die ja mathematisch als eine Überlagerung der linearen parallel und senkrecht zur Schneidrichtung betrachtet werden kann, liegen in der Mitte. Die Polarisation der Laserstrahlung beeinflußt also den Schneidprozeß über den Einkoppelgrad sehr stark.

Insgesamt wurde bei Schnittfrontneigungswinkeln zwischen 83° und 88° ein Einkoppelgrad von 40 % bis 60 % für parallel zur Verfahrrichtung polarisiertes Licht errechnet. Nach Schulz et al. /11/ ist dieser Anteil der Laserleistung, der längs der Schnittfront absorbiert wird, ausreichend groß, um den Trennprozeß zu realisieren. Mit den Überlegungen dieses Kapitels kann somit die Laserstrahleinkopplung während des Schneidens beschrieben werden.

2.3 Fokussierbarkeit und Fokussierung des Laserstrahls

Wie gezeigt wurde, wird beim Laserschneiden durch den absorbierten Laserstrahl aufgeschmolzenes Metall durch einen Gasstrahl ausgeblasen, wodurch die Schnittfuge, die die Werkstückteile trennt, erzeugt wird. Um ein Metall aufschmelzen zu können, sind Energieflußdichten von einigen 10^6 Watt / cm² nötig /11/. Intensitäten dieser Größenordnung werden durch Fokussieren eines Laserstrahls auf wenige Zehntel Millimeter erreicht, was nur bei Laserstrahlen guter Strahlqualität möglich ist.

2.3.1 Der stabile und der instabile Resonator

Die Strahlqualität eines Laserstrahls wird wesentlich durch den Laserresonator bestimmt, weswegen Auslegung und Realisierung der Resonatoren Gegenstand fortgesetzter Entwicklungsarbeit sind /22/. Die Realisierungsmöglichkeiten rückgekoppelter optischer Resonatoren werden in zwei Gruppen unterteilt: die stabilen und die instabilen Resonatoren. Als Unterscheidungskriterium kann der Strahlverlauf innerhalb des Resonators herangezogen werden. Beim stabilen Aufbau werden achsnahe Strahlen durch die Spiegel immer wieder auf sich selbst zurückreflektiert und können den Resonator nur *durch* einen transmissiven Auskoppelspiegel hindurch verlassen. Beim instabilen Aufbau entfernen sich die Strahlen während einiger Umläufe immer mehr von der Achse und verlassen den Resonator am Auskoppelspiegel *vorbei*. Bild 2.8 verdeutlicht dies am Beispiel eines gängigen stabilen Resonators (semikonfokal /23/) und Bild 2.9 am Beispiel eines instabilen Resonators (konfokal /23/).

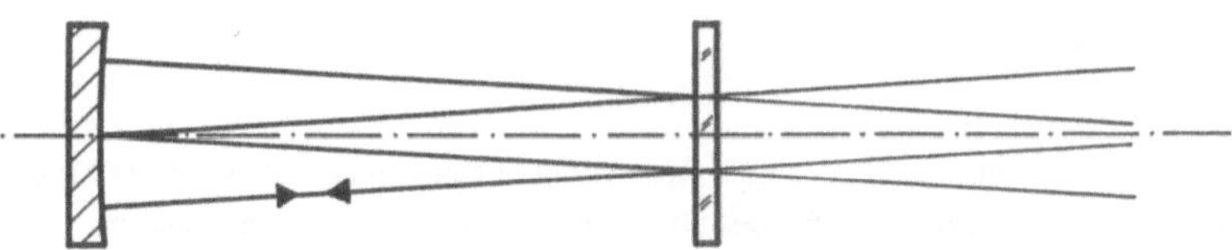

Bild 2.8: Am Beispiel eines semikonfokalen Aufbaus wird der Strahlweg innerhalb eines stabilen Resonators demonstriert. Durch den rechten Spiegel wird ausgekoppelt.

Weber /23/ stellt die Eigenschaften stabiler und instabiler Resonatoren gegenüber. Ein wichtiges Unterscheidungsmerkmal besteht darin, daß instabile Resonatoren an große aktive Medien angepaßt werden können, ohne daß die Strahlqualität für die Materialbearbeitung zu schlecht wird.

Ein zweiter Beweggrund, warum Laserentwickler den instabilen Resonator für künftige Hochleistungslaser favorisieren, besteht darin, daß der instabile Resonator vollständig mit reflektierenden optischen Komponenten aufgebaut werden kann. Deren thermische Belastung bei

Bestrahlung ist geringer als die transmissiver Optiken /24/, und auf Grund der von der Spiegelrückseite möglichen Kühlung sind sie thermisch höher belastbar als die Resonatorspiegel beim stabilen Resonator. So sollten Laser ab einem Leistungsbereich, der durch die optische Qualität der verfügbaren transmissiven Laserspiegel - zur Zeit etwa 10 kW - begrenzt wird, mit instabilen Resonatoren aufgebaut werden.

Zum Trennen wurden bislang ausschließlich Laser mit stabilem Resonator genutzt, da lange die erreichbare Strahlqualität mit dem instabilen zu gering war.

Wie Weber /23/ zeigt, unterscheiden sich die Eigenschwingungen (Moden) der stabilen und instabilen Resonatoren beträchtlich. Die transversalen Intensitätsverteilungen der Moden der stabilen Resonatoren ähneln hermiteschen oder laguerreschen Verteilungen und werden während der Strahlausbreitung, auch Strahlpropagation genannt, beibehalten /25/. Die Strahlmode, die auf den kleinsten Durchmesser fokussiert werden kann, ist die Gaußverteilung, die sogenannte TEM_{00}-Mode /23/.

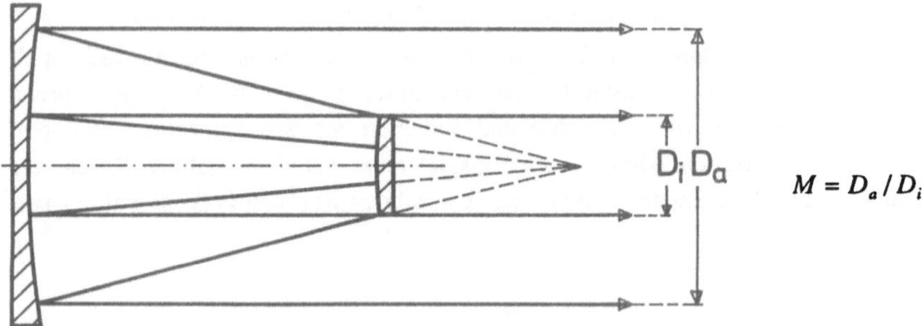

Bild 2.9: Am Beispiel eines konfokalen instabilen Resonators des positiven Asts wird der Strahlweg innerhalb eines instabilen Resonators und die Definition der Magnifikation M demonstriert.

Bild 2.9 zeigt am Beispiel des häufig benutzten konfokalen instabilen Resonators /23/, wie am Endspiegel vorbei ausgekoppelt wird. Das Nahfeld, die Intensitätsverteilung, die den Resonator verläßt, eines instabilen Resonators ist ringförmig und wird durch die Magnifikation M, das Verhältnis des äußeren Ringdurchmessers zum inneren, charakterisiert. Das zum Nahfeld zugehörige Fernfeld ist die transversale Intensitätsverteilung, die sich im Unendlichen aus dem Nahfeld gebildet hat /26/. Sie besteht aus einer zentralen Spitze mit Beugungsringen. Bild 2.10 zeigt im Fernfeld die Raumwinkelleistung P und die Intensitätsverteilung I bei verschiedenen Magnifikationen /27/. Durch die Magnifikation M werden also Nah- und Fernfeld eines instabilen Resonators eindeutig definiert. M beschreibt die räumliche Leistungsverteilung eines Nah- oder Fernfeldes: je größer M ist, desto größer ist der Leistungsanteil in der zentralen Spitze des Fernfelds und desto geringer in der Ringstruktur.

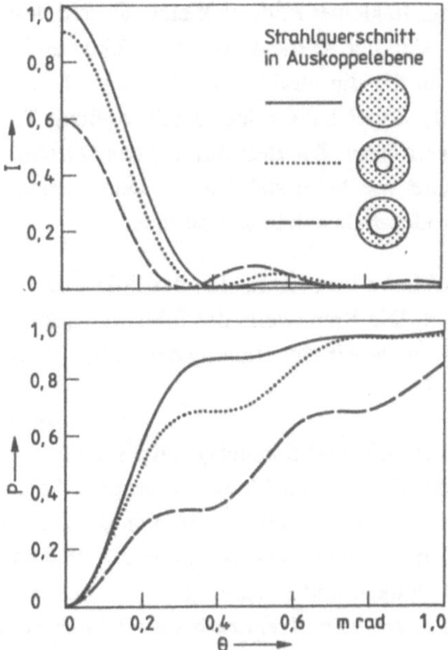

Bild 2.10: Raumwinkelleistung P und Intensitätsverteilung I instabiler Resonatoren im Fernfeld /27/.

2.3.2 Charakterisierung der Laserstrahleigenschaften

Die Eigenschaften der räumlichen Intensitätsverteilung eines Laserstrahls können durch verschiedene Kennzahlen beschrieben werden /28, 29/. Da, wie Kapitel 2.2 zeigt, die Schnittfugenbreite beim Laserschneiden durch den Strahldurchmesser des gebündelten Laserstrahls am Werkstück mitbestimmt wird, ist neben der Magnifikation M für den Strahl eines instabilen Resonators die Strahlqualitätszahl K, die den Strahl eines stabilen Resonators beschreibt, für den Schneidprozeß von Interesse.

Die Strahlqualitätszahl K bestimmt den mit einer fokussierenden Optik der Schnittweite f erreichbaren Fokusdurchmesser $\varnothing_f$, wenn der Durchmesser D des unfokussierten Strahls auf der Bearbeitungsoptik bekannt ist, nach /28/

$$F = \frac{f}{D}$$

$$K = \frac{4\cdot\lambda}{\pi}\cdot\frac{1}{\varnothing_f}\cdot F \quad .$$

(2.5)

Hierbei wird als Radius eines Laserstrahls der Radius der Fläche definiert, innerhalb derer sich 86 % der Gesamtlaserleistung befinden. Das Verhältnis f/D, auch F-Zahl genannt, beschreibt die optische Abbildung. Je kleiner F, desto kleiner $\varnothing_f$ und desto kürzer wird die Rayleighlänge. Als Rayleighlänge wird der Abstand zwischen Fokus und der Stelle des propagierenden Laserstrahls definiert, an der die Strahlfläche den doppelten Wert aufweist /30/. Die K-Zahl liegt zwischen 0 und 1, wobei 1 die reine Gaußverteilung TEM_{00} beschreibt, die zu den kleinsten Fokusdurchmessern führt. Zur Bestimmung des Durchmessers des Strahlprofils eines instabilen Resonators wird wie beim stabilen der Durchmesser der Fläche bestimmt, innerhalb derer sich 86 % der Gesamtlaserleistung befinden.

Wie Bild 2.3 verdeutlicht, wird beim Laserschneiden der Fokus des Laserstrahls in die Nähe der Werkstückoberfläche gelegt. Die Brennweite der fokussierenden Optik sollte so gewählt werden, daß eine Rayleighlänge in der Größenordnung der halben Werkstückdicke erzielt wird /31/.

Als fokussierende Optik sind Linsen- und Spiegelsysteme möglich. Linsen werden zur Zeit aus Galliumarsenid (GaAs) oder Zinkselenid (ZnSe) hergestellt, Spiegelsysteme aus Kupfer. Solange Kupferoberflächen nicht mit der benötigten Oberflächengüte hergestellt werden konnten, wurde ausschließlich mit Linsensystemen getrennt /24/. Spiegelsysteme, die besser kühlbar sind als transmissive Optiken und höhere Zerstörschwellen haben /32/, setzen sich jetzt als Fokussieroptiken, vor allem beim Trennen hochreflektierender Metalle /33/, durch.

2.4 Gasstrahlformung und Austrieb

Beim Trennen mit Laserstrahlen muß das Werkstück einerseits lokal aufgeschmolzen werden. Gleichzeitig muß andererseits auch die Schmelze ausgetrieben werden, so daß die Schnittfuge, die die Werkstückteile trennt, entstehen kann. Hierzu dient ein Gasstrahl.

Um Druck- und Reibungskräfte auf die flüssige Schmelze in der Schnittfuge, die über die gesamte Werkstückdicke nur wenige Zehntel Millimeter breit sein kann, wirken lassen zu können, muß der Schneidgasstrahl gebündelt werden. In den Anfängen des Laserschneidens wurden dazu Düsen, die sich beim autogenen Brennschneiden bewährt hatten, einfach übernommen. Ihre Innenkontur wurde durch Experimentieren und Probieren für das Laserschneiden verbessert /34, 35/. Als sogenannte Standarddüse wurden sie zum Stand der Technik. Die Standarddüse ist eine sich konisch verengende Düse, die in einem zylindrischen Endstück ausläuft. Wie Bild 2.3 zeigt, wird sie koaxial zum Laserstrahl eingesetzt. Durch Schneidexperimente wird ihr Öffnungsdurchmesser passend zum jeweiligen Laserstrahl und dessen Fokussierung optimiert und der günstigste Arbeitsabstand zum Werkstück ermittelt.

Im Laufe der Fortentwicklung des Laserschneidens wurde auch mit weiterführenden Konzepten, die die Form der Standarddüse unter anderem zu Ringdüsen, Mehrstrahldüsen und nachlaufenden Düsen /4, 36-38/ erweitern, experimentiert.

Eine völlig andere Düseninnenkontur, die sich nach einer engsten Stelle wieder erweitert, hat die Lavaldüse /39/. Im Gegensatz zur konisch-zylindrischen Düse, die bei hohen Drücken Überschallströmungen mit einer Machschen Scheibe und Verdichtungsstößen und Verdünnungsfächern erzeugt /40/, bildet die Lavaldüse einen über große Strecken parallelen Strahl, der im Vergleich zur Standarddüse abstandsunempfindlich ist /41/. Edler et al. /42/ zeigen, wie die Lavalkontur passend zum Kesseldruck errechnet wird. Bild 2.11 vergleicht eine typische Lavalkontur mit einer konisch-zylindrischen.

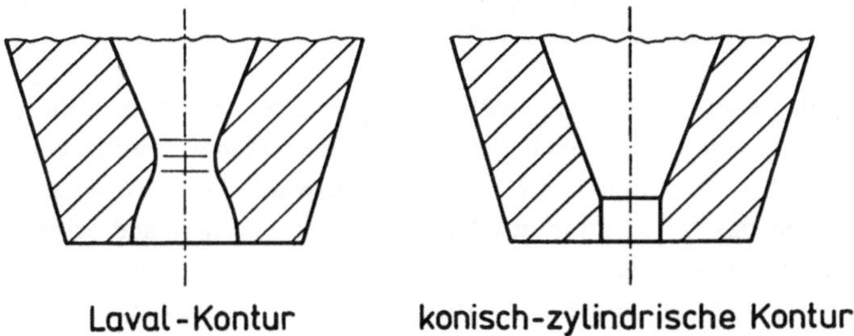

Bild 2.11: Vergleich der Lavalkontur mit der konisch-zylindrischen Kontur.

Bei nicht ausreichendem Kraftübertrag auf die Schmelze können Schmelz- und Schlackeanteile an der Werkstückunterseite als sogenannter Bart haften bleiben.

Bild 2.5 veranschaulicht die Größenverhältnisse zwischen Düsenstirnfläche und Werkstückoberfläche bei der Standarddüse. Es zeigt, daß eine Abschirmung der gesamten Wechselwirkungszone von der Umgebungsluft geschieht. Dies hat zur Folge, daß während der Wechselwirkung des Laserstrahls mit der Schnittfront ausschließlich das Schneidgas mit der Metallschmelze in Kontakt kommt.

2.5 Beurteilung der Schneidergebnisse

Ein Schneidergebnis kann entweder unter dem Gesichtspunkt der Schnittqualität oder dem der maximalen Trenngeschwindigkeit eingeordnet werden. Die Schnittqualität /8/ wird unter anderem bestimmt durch die entstandene Rauhtiefe /43/ der typischen Riefenstruktur der Schnittflanken, durch die Größe der wärmebeeinflußten Zone, die Existenz von Anschmelzungen, die Oxidschichtdicke und die Schnittspaltbreite. Typische Werte für die entstehenden Fugenbreiten sind in der Größenordnung des Fokusdurchmessers des Laserstrahls. In Bild 2.3 wird die Definition der Spaltbreite b als Mittelung über die Werkstückdicke gezeigt. Eine Bestimmung nach dem Schnitt ist durch eine metallographische Auswertung von Einschnitten möglich.

Als maximale Schneidgeschwindigkeit v_{max} wird die größte Trenngeschwindigkeit bei sonst festgehaltenen Versuchsparametern verstanden, bei der die Werkstückteile ohne weitere Manipulation auseinanderfallen.

3 Stand des Wissens beim Trennen mit CO_2-Lasern

Wie in Kapitel 2 gezeigt wird, reagieren Laserstrahl, Gasstrahl und Werkstück beim CO_2-Laserschneiden von Metallen folgerndermaßen: Längs der Schnittfuge wird der Laserstrahl, abhängig vom komplexen Brechungsindex des Metalls, eingekoppelt. Mit der absorbierten Energie des Laserstrahls wird der Werkstoff erwärmt und aufgeschmolzen, um dann durch einen gebündelten Gasstrahl ausgetrieben zu werden.

Bei genauerer Betrachtung konkreter experimenteller Ergebnisse zeigte sich nach Einführung dieses Fertigungsverfahrens schon sehr schnell, daß das Laserschneiden wesentlich komplexer und schwieriger dargestellt werden muß. Im Laufe der Jahre wurde in vielen wissenschaftlichen Veröffentlichungen das Verständnis des Laserschneidens vertieft und wird hier in seinen wesentlichen Aspekten vorgestellt. Die Darstellung wird strukturiert durch ein Kapitel über Modelle zur Schnittqualität und ein Kapitel zur Schneidgeschwindigkeit.

3.1 Modelle zur Schnittqualität

Da lasergeschnittene Teile in der Regel weiterverarbeitet werden, ist die Betrachtung der technologischen Eigenschaften der Schnittkanten von großer Bedeutung. Um die Schnittqualität der lasergetrennten Werkstückteile beurteilen und wenn möglich auch für geplante Schneidexperimente vorhersagen zu können, wird versucht, die Wechselwirkung des Laser- und Gasstrahls mit dem Werkstoff längs der Schnittflanken unter diesem Gesichtspunkt zu beschreiben.

Durch die Aufschmelzung des Materials an der Schnittfront /44/ und an den Schnittflanken /45, 46/ treten nicht nur Gefügeänderungen in der wärmebeeinflußten Zone auf, sondern die Flanken werden auch durch schmelzdynamische Prozesse gestaltet. Wie Schulz et al. /47/ zeigen, muß die Schmelzfilmoberfläche auf Temperaturen höher als die Schmelztemperatur erwärmt werden, um ein Vordringen der Schmelzfront ins Material zu ermöglichen, was die Voraussetzung für ein Fortschreiten des Schnitts ist.

Zu den Beeinflussungen des Metallgefüges gehören unter anderem Änderungen der Härte oder der Werkstoffzusammensetzung der wärmebeeinflußten Zone gegenüber dem Grundmaterial. Ebenso ist mit Eigenspannungen und dem Auftreten von Mikrorissen zu rechnen. Die Veränderungen der Schnittkanten wurden besonders an den in der Fertigungstechnik interessierenden Stählen /48/ und bei Aluminium- /49/ oder Titanwerkstoffen /49, 50/ untersucht.

Auf Grund der Schmelzbadbewegung bildet sich an den lasergeschnittenen Werkstückkanten eine Riefenstruktur aus. Sie kann quantitativ beschrieben werden mittels der Rauhtiefe R_z /43/. Die Entstehung dieser Riefen wird von Arata /3/ für Sauerstoffschnitte veranschaulicht; eine überzeugende Erklärung der Riefenstruktur für Schmelzschnitte steht dagegen noch aus. Eine Verringerung der Rauhtiefe kann durch Anpassung des Schneidgasstrahls und durch Gasmischungen /21, 36/, aber auch durch Pulsen der Laserstrahlung erreicht werden /1, 51, 52/.

Von den Anwendern wird nicht nur eine möglichst geringe Rauhtiefe, sondern auch möglichst wenig Bart an den Schnittflanken gewünscht. Da eine Bartanhaftung auf nicht ausreichende Austriebskräfte des Schneidgasstrahls zurückzuführen ist, wird mit Hochdruckschneiden /34/ versucht, bartfrei zu trennen. Werkstoffe, die beim Brennschneiden mit Sauerstoff zur Bartanhaftung neigen, sind vor allem die Materialien, deren Schmelzpunkt geringer ist als der Schmelzpunkt ihrer entstehenden Oxide. So kann bei Aluminium ein festanhaftender Bart entstehen, indem während des Trennprozesses feste Oxidschichten auf dem geschmolzenen Aluminium aufschwimmen, wodurch der Austrieb behindert wird /21, 53/. Eine Verringerung der Bartanhaftung bewirken Zusatzdüsen, die seitlich des Laserstrahls oder unterhalb des Werkstücks angeordnet sind /4, 36, 37/. Beim sogenannten "Pile-Cutting" /4/ wird durch Kombination zweier Werkstoffe, deren Schmelzen sich bezüglich Viskosität und Oberflächenspannung unterscheiden, ebenfalls eine Verbesserung der Schnittqualität erreicht.

Diese Überlegungen zeigen, wie vielschichtig der Schmelzfluß beim Laserschneiden /54/ das Schneidergebnis beeinflußt. Da der Schmelzaustrieb durch den Schneidgasstrahl bestimmt wird, sollten die den Gasstrahl formenden Schneiddüsen optimiert /34-42/ und sorgfältig zum Laserstrahl justiert werden /39, 40/.

Die Schnittqualität beim Konturenschneiden wird nicht nur durch die Riefigkeit der Schnittflanken und die Bartanhaftung bestimmt, sondern auch durch die ins Material auf Grund von Wärmeleitungseffekten wegfließende Energie. So kann es bei Materialspitzen oder Stegen zu so großen Aufstauungen der Wärme kommen, daß diese wegschmelzen. Um dies zu vermeiden, sollte in solchen Fällen mit gepulster und nicht mit kontinuierlicher Strahlung gearbeitet werden /36/. Zusätzlich kann Wasser zur Kühlung beim Konturenschneiden eingesetzt werden /55/. Geometrien, bei denen nicht vom Rand her in das Werkstück eingeschnitten werden kann, erfordern ein sogenanntes Einstechen /55, 56/. Nuss et al. /57/ schlagen ein Musterstück vor, an dem die Eignung einer Anlage zum Konturenschneiden getestet werden kann. Sie zeigen auch, wie die Antriebe einer Anlage ein Schneidergebnis beeinflussen /58/.

Ebenso ist das Ergebnis eines Schneidexperiments durch Unregelmäßigkeiten im Material oder beim Laser, wie zum Beispiel Leistungs- oder Modeschwankungen, kurzzeitigen Änderungen unterworfen. Durch eine Prozeßkontrolle und Regelung können diese verringert werden /59, 60/. Ganz bewußt kann ein Schneidergebnis durch Anpassung der Schnittweite der Fokussieroptik an die Werkstückdicke beeinflußt werden /34/.

Der Materialaustrieb beim Laserschneiden ist nicht nur eine Funktion der Formung des Gasstrahls, sondern auch der Eigenschaften des zu bearbeitenden Werkstücks selbst. Dies wird neben Experimenten an Bau- und Edelstählen /45, 61, 62/ auch durch Schnitte an Aluminiumwerkstoffen /21, 34, 63, 64/ und Titanwerkstoffen /50/ gezeigt. Auch von Schnitten mit dem CO_2-Laser an Kupfer /65, 66/ und seinen Legierungen /67/ wird berichtet.

3.2   Modelle zur Schneidgeschwindigkeit

Ein Schneidergebnis wird nicht nur durch die Schnittqualität der erzeugten Werkstückkanten bestimmt, sondern auch durch die Zeit, die zur Erzeugung dieser Schnittkanten benötigt wird. Als Maß kann sowohl die Schneidgeschwindigkeit dienen, bei der Schnitte bester Schnittqualität erzeugt werden, als auch die maximale Schneidgeschwindigkeit (Kapitel 2.5). Beide Geschwindigkeiten hängen nach Decker et al. /21, 64/ und Schreiner-Mohr et al. /68/ dadurch zusammen, daß Schnitte bester Schnittqualität bei rund 70 % bis 80 % der maximalen Schneidgeschwindigkeit erreicht werden. Bach et al. /69/ können zusätzlich zeigen, daß die Schadstoffemission minimal wird bei den Verfahrensparametern, bei denen die besten Schnittqualitäten erzeugt werden.

Modelle zur Schneidgeschwindigkeit sollen nun ermöglichen, abhängig vom Werkstück und den Laser- und Gasstrahlparametern eine realistische Trenngeschwindigkeit ohne Durchführung eines Experiments angeben zu können. Das Hauptinteresse lag dabei bisher auf dem Trennen von Stählen, Aluminium- und Titanwerkstoffen. Da sich die erreichbaren Schneidgeschwindigkeiten beim Sublimier-, Schmelz- und Brennschneiden unterscheiden /70/, werden Kriterien zur Einordnung eines konkret betrachteten Verfahrens angegeben.

Zusätzlich zu dieser Unterscheidung wird das Brennschneiden mit Sauerstoff bei Stahlschnitten in einen sauerstoff- und einen laserdominierten Bereich, abhängig von der zur Verfügung stehenden Laserleistung, unterteilt /3, 8, 44, 52, 71, 72/. Bei Laserleistungen, die so gering sind, daß nicht schneller als mit einer Geschwindigkeit von 2 m / min getrennt werden kann, wird das Werkstück durch die eingekoppelte Laserleistung vor allem bis zur Entzündungstemperatur erwärmt und dann durch die beim Verbrennungsprozeß freiwerdende exotherme Energie aufgeschmolzen. Durch eine geringe Laserleistungszunahme kann ein großer Geschwindigkeitsanstieg auf Grund verstärkter Oxidation erreicht werden. Schnitte aus diesem Leistungsbereich werden als sauerstoffdominant bezeichnet; sie zeichnen sich durch ein unkontrolliertes Abbrennen des Werkstücks bei unregelmäßigen, bis zu mehreren Millimetern breiten Schnittfugen aus.

Mit zunehmender Laserleistung schließt sich an den sauerstoffdominierten Bereich der laserdominierte an. In diesem Leistungsbereich ist die eingekoppelte Laserleistung ausreichend groß oder größer als die zum Aufschmelzen des Werkstoffs benötigte Leistung, so daß das Werkstück durch den Laserstrahl aufgeschmolzen wird; die Oxidation liefert nur einen zusätzlichen Energiebeitrag. Mit wachsender Laserleistung nimmt nun die Geschwindigkeit in etwa linear zu, da der Energiebeitrag durch die Oxidation nahezu konstant bleibt. In diesem laserdominierten Bereich verläuft der Prozeß ruhig und regelmäßig, die Schnittfugen sind nur mehrere Zehntel Millimeter breit. Die erreichbaren Schneidgeschwindigkeiten sind allerdings von der Reinheit des Sauerstoffs abhängig /73/.

Modellbetrachtungen zu erreichbaren Geschwindigkeiten bei Brennschnitten beziehen sich immer auf den laserdominierten Bereich. So besagen die aus Brennschnitten gewonnenen Aussagen ähnlich denen zu Schmelzschnitten, daß die zu erreichende Schneidgeschwindigkeit direct proportional zur Laserleistung ist /57/. Andere zeigen, daß die Verfahrgeschwindigkeit umgekehrt proportional zur Werkstückdicke /57, 74/ oder auch umgekehrt proportional zur Werkstückdicke multipliziert mit der Schnittspaltbreite ist /75/.

Um genauere Aussagen darüber zu erhalten, wie die maximale Schneidgeschwindigkeit durch die Werkstückeigenschaften bestimmt wird, wird eine Energiebetrachtung durchgeführt. Es zeigt sich, daß die im Werkstück eingekoppelte Energie nicht nur zum Erwärmen und Schmelzen des Werkstücks gebraucht wird, sondern auch zur Kompensierung der Wärmeleitungsverluste. Die Darstellung der Wärmeleitung beim Trennen ist analytisch ohne Vereinfachungen nicht möglich /76/. Während deswegen in einer Vielzahl von Modellen die Wärmeleitungsverluste über bewegte Linienquellen abgeschätzt werden /77 - 80/, beschreiben dagegen Simon et al. /81/ und Petring et al. /8, 82, 83/ die Wärmeleitung mittels numerischer Simulationen.

Um absolute Geschwindigkeitsaussagen treffen zu können, muß der Anteil der Laserleistung, der ins Werkstück eingekoppelt wird, bestimmt werden. Mit den Überlegungen zur Strahleinkopplung (Kapitel 2.2) wird deutlich, daß hierzu der Verlauf der Schnittfront und die Lage des Laserstrahls zur Front bekannt sein sollten. Ebenso wichtig ist die Polarisation des Laserstrahls im Vergleich zur Verfahrrichtung. Schon 1980 berichtete Olsen /84/, daß mit linear parallel zur Verfahrrichtung polarisiertem Laserlicht bis zu 50 % schneller getrennt werden kann als mit linear senkrecht polarisiertem. Er erklärt dies durch die auf Grund der Fresnelschen Absorption (Kapitel 2) höhere Strahleinkopplung des parallel polarisierten Lichts beim Laserstrahlschneiden. Ähnliche Geschwindigkeitsunterschiede zeigen Nuß und Biermann /17/ und Thomassen et al. /39/. Zirkular polarisiertes Laserlicht, als Überlagerung von linear parallel und senkrecht polarisiertem, führt im Vergleich zu linear parallel zur Vorschubrichtung polarisiertem auf bis zu 20 % geringere Geschwindigkeiten /45, 39/, allerdings berichten Zefferer et al. /45/, daß sich der Geschwindigkeitsunterschied mit zunehmender Werkstückdicke verkleinert. Mit zirkular polarisiertem Laserlicht werden dagegen geringere Rauhtiefen als mit parallel polarisiertem erreicht /17, 45/. Abschätzungen zum Einkoppelgrad einer Schnittfront, auch abhängig von der Laserstrahlpolarisation, geben Petring et al. an.

Das Trennen nach Petring et al.

Petring beschreibt in seinem Modell /8, 82, 83/ das Laserschneiden für Prozeßabläufe an Stählen, bei denen die Schnittfront durch eine von ihm vorgegebene dreidimensionale, geometrisch vereinfachte Darstellung angenähert werden kann; dies ist bei Schnitten guter Schnittqualität möglich. Aus einem Diagramm kann der Einkoppelgrad dieser Schnittfront als Funktion ihres Neigungswinkels unter den Parametern Polarisationsrichtung, Lasermode und Position des Laserstrahlfokus im Verhältnis zur Werkstückoberfläche bestimmt werden. Zusammen mit einer Abschätzung der zum Erstellen eines Schnittes benötigten Energie können Laserleistung und mögliche Schneidgeschwindigkeit abhängig voneinander errechnet werden.

Die idealisierte Schnittfront wird folgendermaßen dargestellt: Sie wird als Halbzylinder mit an der Unterseite des Werkstücks flachem Auslauf betrachtet, dessen Neigung zur Werkstückoberseite frei zwischen 80° und 90° gewählt werden kann. Am Übergang von der Schnittfront zu den Schnittflanken steht der Halbzylinder rechtwinklig zur Oberseite. Sein Durchmesser ist der Fokusdurchmesser des Laserstrahls, dessen Intensitätsmaximum auf der dreidimensionalen Schnittfront aufliegt. Über eine punktweise Energiebilanz, in die die Fresnelsche Absorption einer vorgegebenen Intensitätsverteilung und Fokusposition des Laserstrahls eingehen, rechnet Petring den Verlauf der stationären Schnittfront aus. Er kann eine Übereinstimmung seiner errechneten Schnittfront mit experimentell erzeugten Fronten zeigen.

Abhängig von ausgewählten Laserstrahlparametern gibt er den Einkoppelgrad der Schnittfront in einem Diagramm für Baustahl an. Zusätzlich zur Einkopplung der Front muß die zum Trennen benötigte Laserleistung über eine Energiebilanz errechnet werden, um eine Abschätzung der möglichen Schneidgeschwindigkeit angeben zu können.

Bild 3.1 verdeutlicht die Energiebilanz für das Schmelzschneiden, die Petrings Modell zugrunde liegt. Ein Werkstück der Länge dx wird getrennt, indem in der Zeiteinheit dt mit der Trenngeschwindigkeit v eine Fuge der Länge $v \cdot dt$ erzeugt wird. Die Leistung, die hierzu verbraucht wird, wird genutzt, um das Material der Schnittfuge auf Schmelztemperatur zu erwärmen (P_E) und aufzuschmelzen (P_S). Aus Experimenten ist bekannt, daß die Schmelze über die Schmelztemperatur hinaus erhitzt wird ($P_Ü$). Auf Grund des Energieflusses in das Werkstück weg von der Wechselwirkungszone kann nicht alle absorbierte Energie für den Prozeß genutzt werden; diese Wärmeleitungsverluste seien P_W.

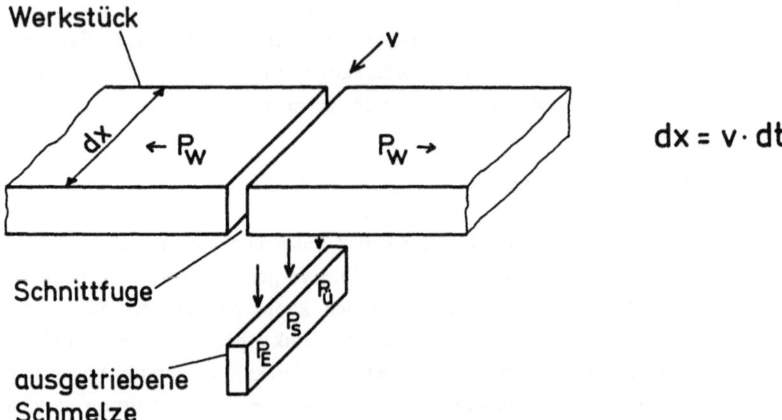

Bild 3.1: Verdeutlichung der Energiebilanz beim Schmelzschneiden (Erklärungen im Text).

Als Prozeßtemperatur T_P, die angibt, wie weit die Schmelze überhitzt wird, wird der Mittelwert zwischen Schmelztemperatur T_S und Verdampfungstemperatur T_V angenommen. Die einzelnen Leistungsanteile seien für ein Werkstück der Dicke d mit einer Fugenbreite b

$$P_E = b \cdot d \cdot \varrho \cdot v \cdot c \cdot (T_S - T_0)$$

$$P_S = b \cdot d \cdot \varrho \cdot v \cdot h_S$$

$$P_{\ddot{U}} = b \cdot d \cdot \varrho \cdot v \cdot c \cdot (T_P - T_S)$$

$$T_P := \frac{(T_V + T_S)}{2}$$

$$(3.1)$$

mit T_0 als Umgebungstemperatur, ϱ Dichte, c Wärmekapazität, h_S Schmelzenthalpie.

Petring leitet durch eine dreidimensionale Wärmeleitungsrechnung mit an die Schnittfrontgeometrie angepaßter Oberflächenwärmequelle und in Schneidrichtung halbunendlicher Geometrie die Wärmeleitungsverluste beim Schmelzschneiden von Baustahl und Edelstahl her, wobei er voraussetzt, daß die Schmelze vollständig ausgeblasen wird. Die Wärmeleitungsverluste ergeben sich damit zu

$$P_W = \frac{\pi \cdot \sqrt{b \cdot d} \cdot K_W \cdot (T_S - T_0)}{\arctan\sqrt{\dfrac{16 \cdot \kappa}{v \cdot d}}} \cdot \exp\left(\frac{-v \cdot b}{2 \cdot \kappa}\right) \quad . \tag{3.2}$$

Darin sind K_W die Wärmeleitfähigkeit und κ die Temperaturleitfähigkeit.

Somit ist der Energieverbrauch pro Zeiteinheit zum Trennen eines Werkstücks der Dicke d mit einer Schnittspaltbreite b

$$P_{db} = P_E + P_S + P_{\ddot{U}} + P_W \quad . \tag{3.3}$$

Petrings Simulation gibt eine Schwelleistung für das Schmelzschneiden an, die mindestens zur Verfügung stehen muß, um das Werkstück trennen zu können. Er zeigt den Einkoppelgrad als Funktion der Polarisation, der Schnittfrontneigung, des Modes und der Fokuslage. Dabei ergeben sich für den Einkoppelgrad typische Werte von 20 % bis 50 % bei St 37. Als günstig für eine hohe Einkopplung und damit hohe Schneidgeschwindigkeiten erweist sich der Gaußmode TEM_{00} (Kapitel 2.3) und eine lineare, parallel zur Schneidrichtung liegende Polarisation, denn der Einkoppelgrad der Schnittfront für zirkular polarisiertes Licht ist kleiner als der für linear parallel zur Verfahrrichtung polarisiertes. Die geringste Einkopplung erfährt linear senkrecht zur Schneidrichtung polarisiertes Licht.

In einer Erweiterung des Modells /8/ wird eine Darstellung der zum Schneiden mit einer Geschwindigkeit v benötigten Laserleistung P_L für Brennschnitte mit Sauerstoff an Edelstahl vorgestellt.

Das Trennen nach Simon et al.

Simon et al. /81/ geben eine Energiebilanz für das Schmelzschneiden von Metallen ohne Beschränkungen bezüglich der Schnittqualität an. Nachdem gezeigt wurde, daß die Wärmeverluste verursacht durch das Schneidgas und die Abstrahlung der heißen Schmelze vernachlässigt werden können, betrachtet Simon ähnlich wie Petring, siehe Bild 3.1, die Energie, die benötigt wird, um eine Fuge der Breite b zu erzeugen. Auch er geht von einer mittleren Prozeßtemperatur $(T_V + T_S) / 2$ aus. Er leitet die Wärmeleitungsverluste zusammen mit der Leistung, die zum Erwärmen des Fugenmaterials auf Schmelztemperatur benötigt wird, als P_{sol} her. Dazu führt er eine zweidimensionale Wärmeleitungsrechnung in Abhängigkeit von der Peclet-Zahl Pe, die das materialspezifische Verhältnis von konduktivem zu konvektivem Wärmetransport ist, durch.

In einem bezüglich der Peclet-Zahl abschnittsweise definierten Ausdruck gibt er die Wärmeleitungsverluste P_{sol} an als

$$P_{sol} = K_W \cdot d \cdot (T_m - T_0) \cdot \begin{cases} (4,4 \cdot Pe - \pi / \ln(0,89 \cdot Pe)) & 0,01 \leq Pe \leq 0,1 \\ \\ (1,2 + 5,1 \cdot Pe) & 0,1 < Pe \leq 0,5 \end{cases} \tag{3.4}$$

Um den reinen Wärmeleitungsanteil P_W zu erhalten, ist von P_{sol} die Energie zum Erwärmen der Schnittfuge auf Schmelztemperatur abzuziehen. Unter der Annahme einer festen Spaltbreite b wird der Leistungsbedarf P_{db} zum Trennen eines Metalls der Dicke d mit der Verfahrgeschwindigkeit v dargestellt als:

$$P_{db} = P_S + P_U + P_{sol} \tag{3.5}$$

Tabelle 3.1 stellt die Trenngeschwindigkeiten für diverse Materialien bei einer Fugenbreite von 0,2 mm zusammen, für die $Pe = 0,1$ und $Pe = 0,5$ wird.

Metall	Ag	Al	Cu	Fe	Mg	Mo	Ti
$v_{Pe=0,1}$ in (m/min)	20,5	10,9	13,7	2,52	10,44	6,94	0,96
$v_{Pe=0,5}$ in (m/min)	102,5	54,5	68,5	12,6	52,2	34,2	4,8

Tabelle 3.1: Geschwindigkeitswerte, die bei einer Fugenbreite b = 0,2 mm Peclet-Zahlen von 0,1 bzw. 0,5 entsprechen.

Auch Simons Modell simuliert eine Minimalleistung, die aufgebracht werden muß, um trennen zu können. Mit zunehmender Geschwindigkeit steigt der Leistungsbedarf an. Durch Vergleich der Energiebilanz mit Schneidexperimenten kann auf den Einkoppelgrad des Versuchswerkstücks zurückgeschlossen werden. Ein Vergleich bei Baustahl der Stärke 1 mm liefert einen Einkoppelgrad zwischen 35 % und 40 %.

Vergleich der beiden Ansätze von Petring und Simon

Petring und Simon betrachten in ihren Modellen für das Laserschmelzschneiden den Energiebedarf pro Zeiteinheit $P_E + P_S + P_0$, der zum Erzeugen der Schnittfuge benötigt wird, und die nicht zu vermeidenden Wärmeleitungsverluste P_W. Ihre Beschreibungen unterscheiden sich nur in der Darstellung der Wärmeleitungsverluste. Diese sind bei Simon, im Unterschied zu Petring, linear abhängig von der Materialstärke, was durch den zweidimensionalen Ansatz bedingt wird.

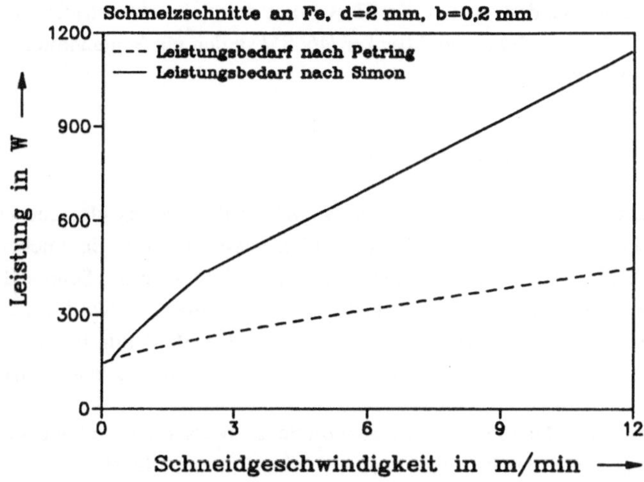

Bild 3.2: Die zum Trennen von Eisen, $d = 2$ mm, $b = 0,2$ mm, benötigte Laserleistung nach Simon und Petring als Funktion der Schneidgeschwindigkeit v.

Bild 3.2 vergleicht die Laserleistung, die zum Trennen eines Eisenwerkstoffs der Stärke 2 mm mit einer Fugenbreite von 0,2 mm benötigt wird als Funktion der Schneidgeschwindigkeit v nach den Ansätzen von Petring und Simon in dem Geschwindigkeitsbereich, der bei beiden Autoren definiert ist. Die nach Simon und Petring zum Trennen benötigten Laserleistungen P_{db} stimmen bei kleinen Geschwindigkeiten in der Nähe der Schwelleistung überein. Mit zunehmender Geschwindigkeit steigt P_{db} nach Simon wesentlich stärker an als nach Petring. Bei der nach Simons Modell maximal erlaubten Verfahrgeschwindigkeit ist sie mehr als doppelt so groß.

Wesentlich in die Energiebilanz nach Simon und Petring gehen die Schnittspaltbreite, die als konstant angenommen wird, und der Schnittfrontneigungswinkel ein. In experimentellen Untersuchungen zeigt sich nun, daß sich der Schnittspalt zur Werkstückunterseite hin verjüngt, so daß Flankenwinkel zwischen 88° und 89° auftreten /17/. Die Schnittspaltbreite nimmt zudem mit steigendem Schneidgasdruck ab /34/.

Im Gegensatz zu Überlegungen /20/, nach denen sich der Neigungswinkel einer Schnittfront so einstellt, daß über die gesamte Werkstückdicke gerade die Front vom Laserstrahl beleuchtet wird, zeigen Emmel et al. /44/ und Miyamoto und Maruo /52/, wie der Neigungswinkel mit steigender Geschwindigkeit abnimmt.

Diese Effekte können dadurch erklärt werden, daß sowohl die Spaltbreite als auch die Neigung der Schnittfront im Zusammenspiel von Laserstrahl und Gasstrahl durch den Schmelzaustrieb mitgestaltet werden, wobei die Effektivität des Schmelzaustriebs von der Verfahrgeschwindigkeit abhängt. Schulz und Becker /46, 85/ stellen ein Schneidmodell vor, das Austriebsphänomene mitbetrachtet.

Das Trennen nach Schulz und Becker

Das Schneidmodell von Schulz und Becker /46, 85/ stellt eine geschlossene Darstellung des stationären Schneidprozesses dar. Hierin werden nicht nur die Energiebeiträge für das Erzeugen der Fuge und die Wärmeleitungsverluste, sondern auch der Schmelzfluß auf Grund des Gasaustriebs berücksichtigt. Dazu erstellen die Autoren, passend zum vorgegebenen Laserstrahl, Gasstrahl und Werkstück, eine iterativ zu durchlaufende Berechnungsvorschrift, deren Lösung die dreidimensionale Schnittfuge des untersuchten Schneidprozesses ist.

Ausgehend von einer Schnittfuge der Spaltbreite b' betrachten sie, wie der Gasfluß die Schmelze in der Fuge beschleunigt und austreibt. Dies resultiert in einer sich über die Schnittfront ändernden Schmelzfilmdicke, die wiederum den Ausgang für die Betrachtung der dreidimensionalen Wärmeleitung darstellt. Die Wärmeleitung in das noch feste Werkstück liefert den Energiefluß, der zum weiteren Aufschmelzen des Materials genutzt wird. Eine lokale Energiebilanz führt zu einer dreidimensionalen Schnittfuge, die unter anderem durch die Fugenbreite b'' definiert wird. Durch Iteration wird diese Vorgehensweise so lange wiederholt, bis $b' = b''$, das heißt, bis die stationäre Schnittfuge der Schnittspaltbreite b als Lösung der Energie- und Schmelzflußbetrachtungen gefunden worden ist.

Dieses Rechenmodell wird nun zur Simulation des Schmelzschneidens von Eisen mit Stickstoff eingesetzt und führt unter anderem zu folgenden Ergebnissen: Die Dicke des Schmelzfilms, der entlang der Schnittfront auf dem noch festen Material aufliegt, nimmt mit zunehmender Schneidgeschwindigkeit und Fugenbreite zu. Dabei liegt die heißeste Stelle der Schmelze genau in Schneidrichtung mit einer Temperatur T_m, die $1{,}4 \cdot T_S$ ist, also unter der Verdampfungstemperatur des Werkstoffs bleibt. Der Schmelzfluß wird durch die Hydrodynamik und nicht durch das Temperaturfeld bestimmt.

Die maximal erreichbare Trenngeschwindigkeit nimmt mit wachsendem Gasfluß zu, wobei
der Gasfluß die Spaltbreite selbst nicht beeinflußt. Diese wird durch die räumliche Intensitätsverteilung des Laserstrahls bestimmt, während mit wachsender Fugenbreite der Wärmefluß
ins Material abnimmt.

In einem Vergleich zwischen der Gaußverteilung TEM_{00} und einer zylinderförmigen Intensitätsverteilung, durch die Lasermoden einer schlechteren K-Zahl beschrieben werden können,
zeigt sich, daß die zylindrische Verteilung zu größeren Spaltbreiten und zu steileren Schnittflanken und Schnittfronten führt. Rechnungen am Beispiel der zylinderförmigen Intensitätsverteilung ergeben, daß die Spaltbreite mit wachsender Geschwindigkeit abnimmt. Die erreichbare Schneidgeschwindigkeit wird größer bei Laserstrahlen kleineren Fokusdurchmessers.

Mit dieser Arbeit sind Schulz und Becker die ersten Autoren, die die Anpassung der Schnittfuge an den Schneidprozeß behandeln.

4 Aufgabenstellung und Vorgehensweise der Arbeit

Wie im ersten Kapitel gefordert, soll in dieser Arbeit eine einheitliche Darstellung des Trennens von Metallen mit CO_2-Lasern erarbeitet werden, die einen Vergleich des Schneidens einzelner metallischer Werkstoffe als auch des Einsatzes unterschiedlicher Lasersysteme erlaubt. Im vorangehenden Teil dieser Arbeit wurden die wesentlichen Grundlagen zum CO_2-Laserschneiden von Metallen gelegt, so daß der Stand des Wissens herausgearbeitet werden konnte. In diesem Kapitel wird darauf aufbauend gezeigt, wo zur Zeit noch Lücken bestehen, die die Frage nach den geschwindigkeitsbestimmenden Strahleigenschaften und Einkoppel-mechanismen provozieren.

Wie die Vielfalt der Schneidmodelle in Kapitel 3 verdeutlicht, kann die Schneidgeschwindig-keit als eine für *alle* metallischen Werkstoffe gleichermaßen wichtige Größe beim Laser-schneiden, die den Schneidprozeß übergreifend spezifischer Materialeigenschaften beschreibt, angesehen werden. Zur Zeit allerdings muß die mögliche Trenngeschwindigkeit eines Werk-stücks auf einer bestimmten Anlage noch immer mühselig experimentell ausgetestet werden, was durch diese Arbeit beendet werden soll.

Nach Bewußtmachung der Lücken im Verständnis der Beschreibung der Trenngeschwindig-keit wird die Aufgabenstellung dieser Arbeit im Detail konkretisiert. Daran anschließend wird die Vorgehensweise erläutert, die sowohl auf die Aufgabenstellung als auch auf die experi-mentellen und theoretischen Randbedingungen dieses komplexen Fertigungsprozesses abge-stimmt wurde.

4.1 Wissenslücke

Um ohne vorhergehende Schneidexperimente eine Aussage treffen zu können, wie schnell bei gegebenen Werkstück- und Laserstrahlparametern getrennt werden kann, steht zur Zeit nur das Schneidmodell nach Petring et al. (Kapitel 3) zur Verfügung. In deren Energiebilanz geht der Einkoppelgrad der Schnittfront direkt ein. Da dieser aber nur für Baustahl abhängig vom Neigungswinkel der Schnittfront, der vor Durchführung des Schnittes noch nicht bekannt ist, aus einem Diagramm herausgelesen werden kann, ist dieses Modell ungeeignet für Nicht-eisenmetalle.

So bleibt nur, an Hand von Experimenten Vorhersagen über mögliche Schneidgeschwindig-keiten zu treffen. Aber noch immer wird das Laserschneiden am *experimentellen Einzelfall* getestet und dokumentiert. Es fehlen Aussagen, wie aus einem einzelnen Schneidversuch auf die Schneidgeschwindigkeit bei veränderten Werkstückstärken oder Lasersystemen geschlos-sen werden kann.

Zusammen mit dem Einkoppelgrad der Schnittfront, der durch den Neigungswinkel mitbe-stimmt wird, geht auch die Schnittspaltbreite wesentlich in die Energiebilanz der Schneid-modelle und dadurch in die Schneidgeschwindigkeit ein. Während nun aber die Schneid-modelle, die die Schneidgeschwindigkeit als Funktion der Material- und Laserstrahlparameter betrachten, weder Schnittspaltbreitenänderungen noch lokale Einkoppelmechanismen berücksichtigen, machen die Modelle, die die Wechselwirkung Laserstrahl-Werkstück entlang der Schnittfront untersuchen, keine Angaben zu möglichen Trenngeschwindigkeiten.

Das Laserschneiden könnte auf bisher als nicht schneidbar geltende Metalle und dadurch vergrößerte Einsatzgebiete in der Zukunft ausgeweitet werden, wenn die Frage geklärt werden könnte, wovon die Schneidbarkeit eines Werkstoffs abhängt. Ebenso muß das Trennen mit Lasern mit instabilem Resonator getestet und eingeführt werden, um die Laser höchster Ausgangsleistungen für das Schneiden zu erschließen.

4.2 Aufgabenstellung der Arbeit

Wie in Kapitel 2.5 ausgeführt wird, beträgt die Schneidgeschwindigkeit für Schnitte der besten Schnittqualität 70 % bis 80 % der maximalen Schneidgeschwindigkeit, und mit Kenntnis einer der beiden Geschwindigkeiten ist deshalb auch in etwa die andere bekannt. Zur Prozeßbeobachtung eignet sich besonders die maximal erreichbare Schneidgeschwindigkeit, da sie bei bekannter Schnittfugenbreite und Werkstückdicke durch eine Energiebilanz angenähert werden kann. Die Untersuchungen dieser Arbeit sollen deshalb auf die maximale Schneidgeschwindigkeit v_{max} konzentriert werden.

Es soll eine Darstellung gefunden werden, die für ein Metall, aufbauend auf einer einzigen Versuchsreihe, die maximale Schneidgeschwindigkeit als Funktion der Laserleistung, der Leistungsklasse des Lasers, des Schneidgases und der Dicke des Werkstücks beschreibt. Zusätzlich soll die Einsetzbarkeit eines instabilen Resonators beim Trennen mit Hochleistungslasern geprüft werden, um auch diesen Resonatortyp in die allgemeine Darstellung mit einzubeziehen.

Die Schneidbarkeit verschiedenster Metalle soll experimentell untersucht werden. Bei der Auswahl der Werkstoffe sollten neben den bereits breit in der Laserschneidtechnik eingeführten Stählen, Aluminium- und Titanwerkstoffen auch als nicht trennbar geltende Materialien geprüft werden, um eine allgemeingültige Aussage finden zu können, wann ein Metall laserschneidbar ist.

Durch Betrachtung der Wechselwirkung Laserstrahl-Werkstück entlang der Schnittfront bei *gleichzeitiger* Untersuchung der maximalen Schneidgeschwindigkeit soll eine Erweiterung der vorhandenen Schneidmodelle gegeben werden, wodurch das Verständis des Schneidprozesses vergrößert werden wird.

4.3 Vorgehensweise

Nach einer Vorstellung der verwendeten Anlage und ihrer Komponenten zum Laserstrahlschneiden (Kapitel 5) werden Vorversuche beschrieben, an Hand derer die Versuchsparameter für die folgenden Schneidexperimente festgelegt werden, um deren Vergleichbarkeit zu gewährleisten (Kapitel 6).

Baustahl und Edelstahl, Aluminium und Titan, Kupfer und die Kupferlegierung Messing, Magnesium, Molybdän als bei hohen Temperaturen schmelzendes Metall und Silber als hochreflektierendes Metall sollen unter gleichen Versuchsbedingungen getrennt werden, um die Schneidergebnisse kompetent vergleichen zu können. Mit je einem Laser mit stabilem Resonator aus der Leistungsklasse bis 1,5 kW und 5 kW Ausgangsleistung wird die maximale Schneidgeschwindigkeit als Funktion der Laserleistung, der Materialstärke und des Werkstoffs bei Schmelz- und Brennschnitten experimentell untersucht (Kapitel 7). Auf den Ergebnissen aufbauend kann gezeigt werden, unter welchen Bedingungen ein Metall mit einem Laser schneidbar ist. Die Darstellung der Schneidgeschwindigkeit multipliziert mit der Schnittspaltbreite als Funktion der auf die Werkstückdicke bezogenen Laserleistung, die im folgenden auch reduzierte Darstellung genannt werden soll, kann an dem umfangreichen Datenmaterial getestet werden, inwieweit sie den Forderungen aus Kapitel 4.2 nach Übertragbarkeit genügt (Kapitel 8).

Mit der Hilfe von Trennversuchen, die durch einen Laser mit instabilem Resonator ausgeführt werden, wird einerseits die reduzierte Darstellung erweitert, und andererseits werden die Besonderheiten des Arbeitens mit instabilen Resonatoren untersucht (Kapitel 9).

Durch eine tiefere Betrachtung der Einkoppelmechanismen während des Laserschneidens werden neue Erkenntnisse über das Schneiden als einen Prozeß gewonnen, der auf einer lokalen Selbstregelung über die Absorption, die Schnittspaltbreite und die Positionierung der Schnittfront unter dem Laserstrahl beruht (Kapitel 10). Diese Überlegungen führen zu der Vermutung, daß das Trennen mit zirkularer und linearer Polarisation genauer untersucht werden muß, da hier lokale Einkoppelmechanismen besonders zum Tragen kommen. Experimentelle Vergleiche (Kapitel 11) und eine mathematische Simulation (Kapitel 12) bestätigen das neue Verständnis des Schneidprozesses, das eine Zusammenschau aus Überlegungen zu den möglichen Schneidgeschwindigkeiten und der lokalen Wechselwirkung entlang der Schnittfront beinhaltet.

In den Schlußfolgerungen (Kapitel 13) werden die Ergebnisse dieser Arbeit, die einerseits ein verbessertes, über einzelne Schneidergebnisse übergreifendes Verständnis des Prozesses erarbeiten und dadurch andererseits die Ausweitung des Laserschneidens als Fertigungstechnik fördern, zusammengestellt.

5 Der experimentelle Aufbau zum Laserstrahlschneiden

Im folgenden werden die zum Trennen wesentlichen Komponenten der Schneidanlage vorgestellt, mit der die Experimente dieser Arbeit durchgeführt wurden. Der Laserstrahl wird über eine Strahlführung in die Bearbeitungsstationen geleitet. Soll mit zirkularer Polarisation getrennt werden, wird vor die Bearbeitungsoptik ein Polarisationsdreher gefahren, der die lineare Polarisation des aus dem Resonator austretenden Strahls unter vollständiger Beibehaltung seiner anderen optischen Eigenschaften dreht. Bei den Schneidexperimenten dieser Arbeit ist die Polarisation des Laserstrahls linear, parallel zur Vorschubrichtung, wenn keine besondere Spezifizierung vorgenommen wird. In der Bearbeitungsoptik wird der Laserstrahl so fokussiert, daß er die zu trennenden Metalle aufschmelzen kann. Der Gasstrahl, mit dem die Schmelze ausgetrieben werden soll, wird durch eine Düse geformt. Bei der Auswahl der Anlagenkomponenten wurde auf eine Vergleichbarkeit der verschiedenen Schneidexperimente geachtet.

5.1 Die zum Trennen eingesetzten Laser

Zum vergleichenden Trennen wurden für die Schneidversuche drei CO_2-Laser im Multikilowattbereich eingesetzt. Zwei sind mit stabilen Resonatoren und einer mit einem instabilen Resonator aufgebaut, vergleiche Kapitel 2.3.

Die beiden Laser mit stabilem Resonator haben eine maximale Ausgangsleistung P_{max} von 1,5 kW und 5 kW, der Laser mit instabilem Resonator eine Ausgangsleistung von 4 kW, siehe Tabelle 5.1. Am Werkstück stehen jedoch nicht die vollen Ausgangsleistungen zur Verfügung, da eine geringe Absorption der Laserstrahlen an den optischen Komponenten im Strahlführungssystem zwischen Resonator und Bearbeitungsstation nicht vollständig vermieden werden kann /24/. Durch begrenzende Aperturen werden teilweise die durch Beugungseffekte verursachten Randfelder der räumlichen Intensitätsverteilungen, die stärker divergent sind als die Resonatormoden, abgeschnitten, was ebenfalls die am Werkstück zur Verfügung stehende Leistung reduziert. Dies verhindert eine Verschlechterung der Fokussierung durch diese störenden Randfelder und verbessert nach Miyamoto und Maruo /52/ die erreichbaren Schnittqualitäten.

Laser	P_{max}	K	M	F	$\varnothing_f$
1,5 kW-Laser	1,5 kW	0,45	-	5,2	0,17 mm
5 kW-Laser	5 kW	0,2	-	4,0	0,27 mm
4 kW-Laser$_{instabil}$	4 kW	-	3	3,8	0,20 mm
				7,6	0,40 mm

Tabelle 5.1: Zum Trennen wesentliche Daten der drei in Experimenten eingesetzten Laser.

Für die Trennversuche kann die Laserleistung zwischen nahezu 0 Watt und jeweils maximaler Ausgangsleistung variiert werden. Auf Grund von Laserleistungsschwankungen kann eine gewünschte Laserleistung um bis zu 8 % ungenau sein. Die Messung der Laserleistung, die am Werkstück zur Verfügung steht, wird mit einem Handleistungsmeßgerät durchgeführt.

Je kleiner die maximal auskoppelbare Leistung eines Laserresonators ist, mit desto besserer Strahlqualität kann er aufgebaut werden /28/. So beträgt die K-Zahl (vergleiche Kapitel 2.3) des eingesetzten 1,5 kW-Lasers rund 0,45, die des 5 kW-Lasers rund 0,2. Der Laser mit instabilem Resonator konnte mit einer Magnifikation M von 3 realisiert werden. Bild 5.1 zeigt dessen gemessenes Fernfeld im Fokus der benutzten Schneidoptik mit $F = 3,8$. In Tabelle 5.1 sind die für das Trennen wichtigen Daten der oben beschriebenen Laser zusammengestellt. Der 4 kW-Laser$_{instabil}$ wurde unter zwei unterschiedlichen F-Zahlen eingesetzt.

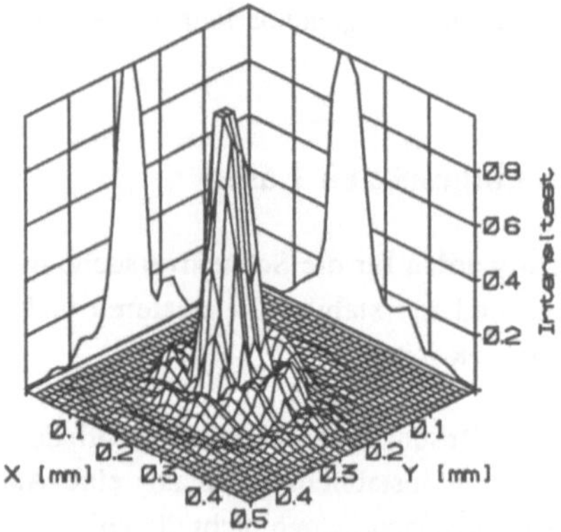

Bild 5.1: Fernfeld des Lasers mit instabilem Resonator, $M = 3$.

In Bild 5.1 wird deutlich, wie mit einem Meßgerät mit rotierender Nadel /86/ die räumliche Intensitätsverteilung eines Laserstrahls vermessen und dargestellt werden kann. Daraus kann der Strahlradius an der Meßstelle bestimmt werden. Bild 5.2 zeigt, wie sich die Strahlradien in der Nähe des Fokus eines durch eine Bearbeitungsoptik gebündelten Laserstrahls ändern; es werden diese sogenannten Strahltaillen der drei zu Schneidversuchen eingesetzten Laser verglichen. Der Laserstrahl des 1,5 kW-Lasers wird auf den kleinsten Brennfleckdurchmesser, der des 5 kW-Lasers auf den größten fokussiert.

Nach den Gesetzen der Fourier-Transformation bildet sich im Brennpunkt einer fokussierenden Optik das Fernfeld der abgebildeten Intensitätsverteilung aus /87/. Im weiteren Verlauf der Strahlpropagation transformiert sich das Fernfeld wieder zum Nahfeld. Während bei den Intensitätsverteilungen stabiler Resonatoren Nah- und Fernfeld übereinstimmen und deshalb nicht unterschieden werden, ist dieser Effekt bei der Fokussierung der Intensitätsverteilung eines instabilen Resonators wesentlich: Der Nahfeldring entsteht wieder in einer von den experimentellen Parametern abhängigen Entfernung vom Brennpunkt. Bild 5.3 zeigt dies am

Beispiel des 4 kW-Lasers mit instabilem Resonator bei der Abbildung unter $F = 3{,}8$. Der Nahfeldring ist 4 mm unterhalb des Strahlfokus zu sehen.

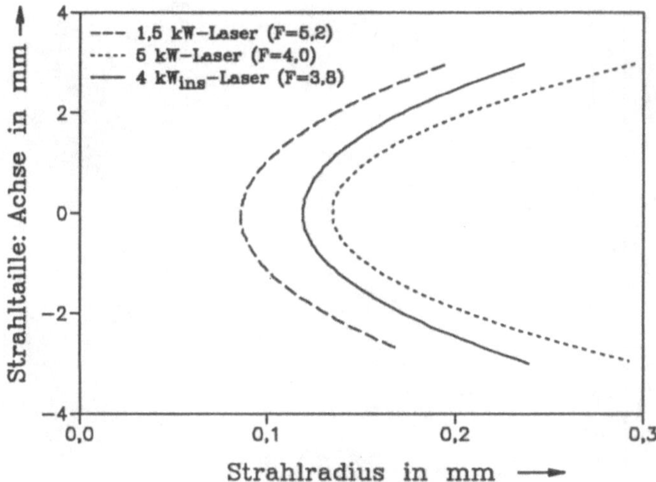

Bild 5.2: Vergleich der Strahltaillen im Fokus der Bearbeitungsoptik der drei zum Schneiden einge-setzten Laser.

Um den Einfluß des nach der Fokussierung im weiteren Strahlverlauf wieder erscheinenden Nahfeldrings auf die Trennergebnisse zu untersuchen, wurde der Abstand zwischen Fokus und aus dem Fernfeld transformiertem Nahfeld durch eine Zwischenabbildung variiert. Bild 5.4 zeigt an Hand einer Prinzipdarstellung den optischen Aufbau hierzu.

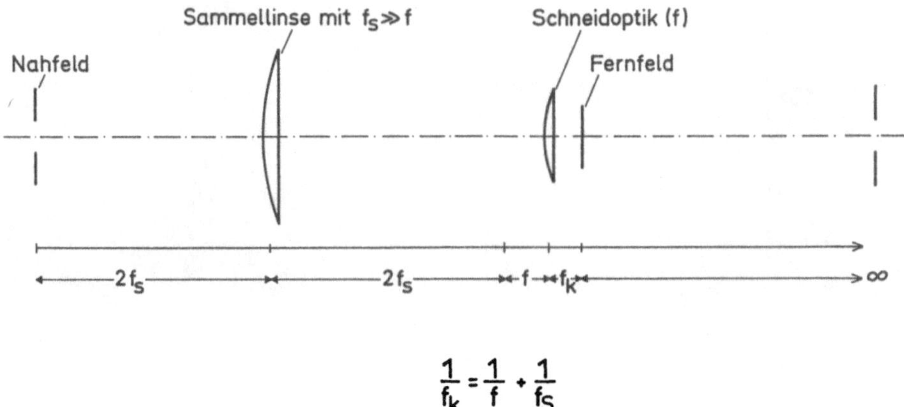

$$\frac{1}{f_k} = \frac{1}{f} + \frac{1}{f_S}$$

Bild 5.4: Optische Zwischenabbildung zum Verschieben des Nahfeldrings.

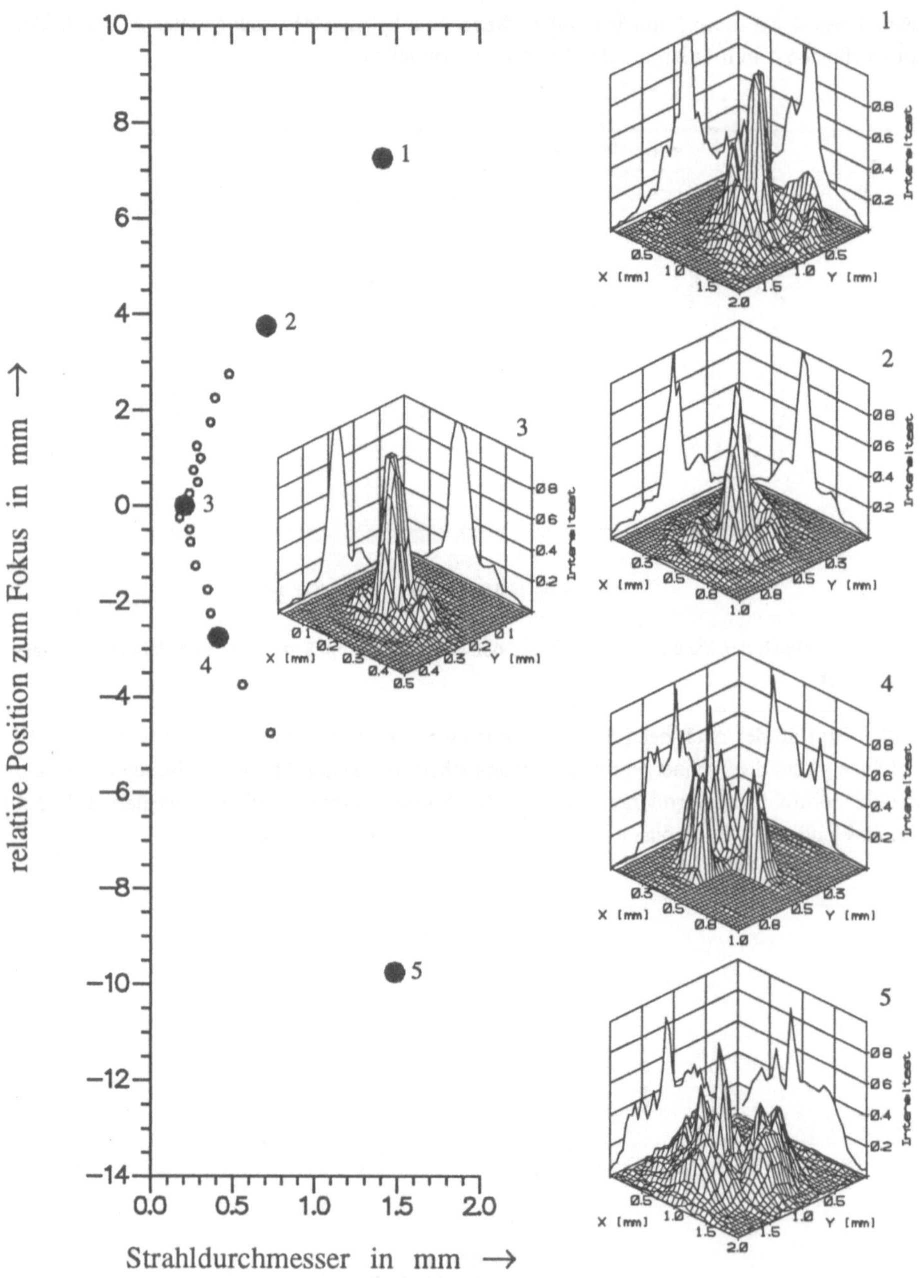

Bild 5.3: Strahltaille und Intensitätsverteilungen entlang der Taille des 4 kW-Lasers mit instabilem Resonator, $M = 3$, $F = 3{,}8$.

Durch Abbildung des aus dem Resonator ausgekoppelten Nahfelds *auf* die Schneidoptik, in Bild 5.4 verwirklicht durch die langbrennweitige Sammellinse (f_s), verschiebt sich die Fouriertransformierte des Fernfelds, das Nahfeld, *ins Unendliche*. Die Schnittweite der Bearbeitungsoptik f wird dabei durch diesen Aufbau nach den Gesetzten der geometrischen Optik /13/ auf f_k verkürzt.

Im Labor konnte unter den experimentellen Bedingungen nur eine Verschiebung des wieder gebildeten Nahfeldrings auf 14 mm nach dem Fokuspunkt statt auf die zuvor bestehenden 4 mm realisiert werden /18/.

5.2   Die Bearbeitungsstationen

Bei der Auswahl der Anlagenkomponenten wurde auf eine Vergleichbarkeit der verschiedenen Schneidexperimente geachtet. Die Trennversuche wurden an zwei Bearbeitungsstationen durchgeführt. Durch eine Strahlführung, die vollständig aus Kupferspiegeln aufgebaut ist, werden die Laserstrahlen zu den Stationen gelenkt /88/. Für die Versuche mit dem instabilen Resonator wurde eine Anlage mit maximaler Verfahrgeschwindigkeit von 45 m / min genutzt. Für alle anderen Schneidexperimente stand eine Station mit 15 m / min Grenzgeschwindigkeit zur Verfügung.

Schneidoptik und Schneiddüse werden an einer vertikalen Achse der Bearbeitungsstationen montiert. Diese kann auf 0,1 mm genau positioniert werden.

5.2.1   Die Schneidoptik

Beim Trennen hochreflektierender Metalle, wie Kupfer oder Silber, können Reflexionen des Laserstrahls ausgehend vom Werkstück zurück auf die optischen Komponenten der Anlage fallen, die bereits von dem zum Werkstück hinlaufenden Laserstrahl beschienen werden. Infolge der dadurch eventuell verdoppelten thermischen Belastung können einzelne Spiegel oder Linsen zerstört werden /89/. Auf Grund ihrer hohen thermischen Belastbarkeit, siehe Kapitel 2.3, sind deshalb besonders Spiegelsysteme zum Schneiden hochreflektierender Werkstoffe geeignet. Aus diesem Grund wurden die Trennversuche dieser Arbeit mit einer parabolischen Spiegeloptik durchgeführt. Sie kann wahlweise so bestückt werden, daß die Schnittweite f 152 mm oder 300 mm beträgt.

Bild 5.5 zeigt eine Skizze des Bearbeitungskopfes. Er besteht neben dem Spiegelpaar S_p und S_f, durch das der Laserstrahl umgelenkt und fokussiert wird, aus einer Düse D, die koaxial zum Laserstrahl montiert ist. Sie formt den Schneidgasstrahl, der auf Grund eines im Optikgehäuse erzeugten Überdrucks p_K austritt. Dieser Überdruck p_K, der Kesseldruck, wird in dem im Vergleich zur Düsenöffnung großen Reservoir der Optik gebildet und kann durch eine Druckmeßbohrung DB hindurch direkt gemessen werden. Kesseldruck und Form des Düsenaustritts bestimmen zusammen das Strömungsfeld des Gasstrahls. Der Kesseldruck wird oft auch "Schneidgasdruck" genannt.

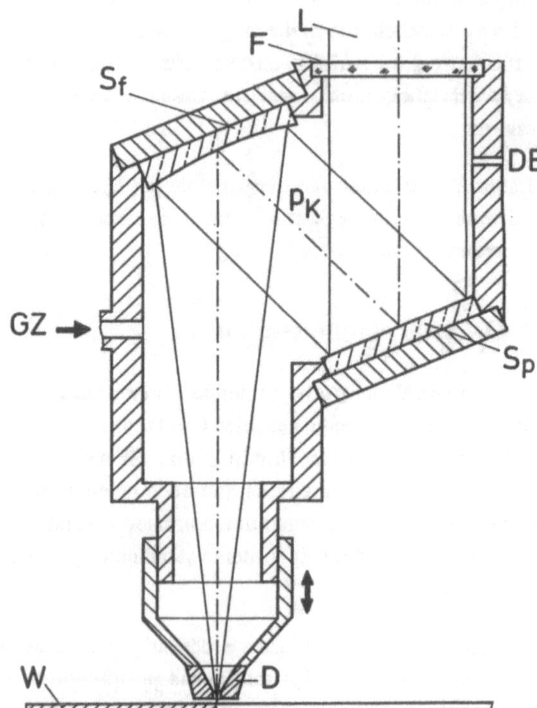

L-Laserstrahl
F-Fenster
S_f-fokussierender Spiegel
S_p-Umlenkspiegel
D-Düse, parallel *L* verfahrbar
DB-Druckmeßbohrung
W-Werkstück
GZ-Gaszufuhr
p_K-Kesseldruck

Bild 5.5: Skizze der für die Experimente eingesetzten Schneidoptik.

Um den Überdruck aufbauen zu können, wird die Schneidoptik durch ein optisches Fenster
F vom Strahlführungssystem getrennt. Durch die Druckbelastbarkeit des Fensters ist p_k auf
maximal 0,5 MPa begrenzt. Um unabhängig von der jeweiligen Fokusposition bezüglich der
Werkstückoberseite den Abstand der Düse zum Werkstück einstellen zu können, mußte ein
Schneidkopf mit bei Gasdichtheit verschiebbarer Düse konzipiert werden. Dadurch kann der
Fokus unabhängig vom Abstand der Düse zum Werkstück senkrecht zum Werkstück ver-
fahren werden. Beim Einsatz einer nicht zum Laserstrahl koaxialen Düse kann auf das Fenster
zum Druckaufbau verzichtet werden; dadurch wird der Gasdruck frei wählbar.

5.2.2 Die Gasdüsen

Zur Formung des Schneidgasstrahls wurden konische Düsen mit einem zylindrischen Auslauf,
sogenannte Standarddüsen, koaxial zum Laserstrahl (Bild 2.11) oder, ebenfalls koaxial, eine
Zweistrahl-Lavaldüse /42/ genutzt. Der Öffnungsdurchmesser der Standarddüsen wurde der
Strahltaille angepaßt, siehe Tabelle 5.2. Da der zylindrische Auslauf, hier 1 mm lang, nicht
dem Druckgefälle zwischen Kesseldruck und Umgebungsdruck angepaßt ist, platzt der Gasstrahl nach Austritt aus der Düse sofort auf und ändert seine Struktur /42/. Charakteristisch
sind starke Schwankungen im Druckverlauf und Geschwindigkeitsfeld längs der Achse. Da

die Druck- und Reibungskräfte des Schneidgasstrahls den Schmelzaustrieb aber direkt beeinflussen, muß ein optimierter Abstand der Düse zum Werkstück exakt eingehalten werden.

Als Zweistrahl-Lavaldüse diente eine von Edler et al. /41, 42/ am Institut für Strahlwerkzeuge konzipierte Zweistrahl-Düse, die aus zwei Lavaldüsen aufgebaut wird, die unter 46° zueinander stehen. Die Gasstrahlen der beiden Düsen vereinigen sich auf der Achse des Laserstrahls und strömen dann parallel zu ihm weiter. Edler et al. können zeigen, daß die Gasströmung der Zweistrahl-Lavaldüse nach ihrem Vereinigungspunkt über eine Strecke von 15 mm gleichförmig bleibt. Damit ist diese Düse unempfindlich gegen kleine Schwankungen ihres Abstandes zum Werkstück. Da der Kesseldruck für die Lavaldüsen nicht mittels eines für den Laserstrahl transmissiven Fensters aufgebaut werden muß, kann die Zweistrahl-Lavaldüse für jeden gewünschten Kesseldruck ausgelegt werden.

Laser	1,5 kW-Laser	5 kW-Laser	4 kW-Laser$_{instabil}$
$\varnothing_{S\text{-}d\ddot{u}se}$	1,0 mm	2,0 mm	2,0 mm

Tabelle 5.2: Die Öffnungsdurchmesser $\varnothing_{S\text{-}d\ddot{u}se}$ der Standarddüse beim Einsatz mit den verschiedenen Lasersystemen.

5.3 Die getrennten Metalle

In dieser Arbeit soll die Schneidbarkeit unterschiedlichster Metalle auf Basis ausgedehnter experimenteller Schneidversuche verglichen werden. Ziel ist es neben dem Bereitstellen umfangreicher Schneiddaten eine für alle Versuchsaufbauten gültige Aussage zu finden, unter welchen Bedingungen ein Metall laserschneidbar ist.

Bei der Zusammenstellung der Versuchswerkstoffe werden Stähle, Aluminium- und Titanwerkstoffe ausgewählt, um die am häufigsten in der Literatur dokumentierten lasergeschnittenen Metalle in die Untersuchungen miteinzubeziehen. Um neue Metalle testen zu können, wird als bei 10,6 μm hochreflektierendes Metall Kupfer ausgesucht, Messing soll als Beispiel für eine Legierung auftreten. Während Magnesium vergleichsweise geringe Schmelz- und Verdampfungstemperaturen bei geringer Dichte hat, soll Molybdän Metalle hoher Schmelz- und Verdampfungstemperaturen sowie großer Materialdichten vertreten. Als für die Lasermaterialbearbeitung exotisches Metall kann Silber angesehen werden, das bei hoher Reflektivität eine höhere Wärmeleitfähigkeit als selbst Kupfer hat.

So wird folgendes Werkstoffspektrum zusammengestellt: Baustahl (St37), Federstahl (C85), nichtrostender Stahl (X5CrNi18 9), Aluminium (Al99.5, AlCuMg1), Kupfer (E-Cu57), eine Standardmagnesiumlegierung (MgAl3Zn), Messing (CuZn37), Molybdän (Mo99.9), Silber (Ag99.5) und Titan (Ti99.4).

Baustahl wird mit den Lasern mit stabilem Resonator im Blechstärkenbereich bis 5 mm getrennt; zur Erprobung der Eignung des instabilen Resonators werden zusätzlich Versuche an Dickblech bis 40 mm durchgeführt. Die Werkstückstärken der Nichteisenmetalle variieren zwischen 0,3 mm und 3,0 mm. Durch die Beschränkung auf Materialstärken bis 5 mm kann der Schmelzaustrieb mit der Standarddüse mit Drücken bis zu 0,5 MPa gewährleistet werden, so daß das Hauptgewicht der Untersuchungen auf die Energiebilanzen gelegt werden kann.

6 Vorversuche zu den Schneidexperimenten

Beim Laserschneiden eines Materials auf einer gegebenen Anlage bestimmen neben der Laserleistung, der Strahlpolarisation und -fokussierung sowie der Gasart die Lage des Strahlfokus relativ zur Werkstückoberseite, die Düsenform gemeinsam mit dem Abstand der Düse zum Werkstück und der Gasdruck das Schneidergebnis.

Im folgenden werden der Einfluß der Fokuslage, des Abstandes der Düse zum Werkstück und des Gasdrucks auf das Schneidergebnis, vor allem im Hinblick auf die maximal erreichbaren Trenngeschwindigkeiten, untersucht, um die experimentelle Grundlage für vergleichbare Schneidexperimente der kommenden Kapitel zu legen. Um die mehrdimensionale Parametermatrix zu bestimmen, wird jeder Parameter für sich optimiert. Hierzu muß bei einer Parameterkonstellation in der Nähe des eigentlichen Optimums gearbeitet werden. Der Arbeitsaufwand des Auffindens dieser Anfangskonstellation kann in Grenzen gehalten werden, wenn auf eine große experimentelle Erfahrung zurückgegriffen werden kann.

Da eine angeschmolzene Oberfläche des zu schneidenden Metalls als Spiegel wirkt, sollte bei hochreflektierenden Materialien, wie Kupfer oder Silber, darauf geachtet werden, daß nicht mit unvollständig eingekoppelter Laserstrahlung gearbeitet wird. Bei nicht vollständigem Trennen kann die spiegelnde Metallfläche so wenig zur Werkstückoberfläche geneigt sein, daß die zurückreflektierte Laserstrahlung nahezu parallel zur einfallenden verläuft. Die doppelte thermische Belastung des Fensters in der Bearbeitungsoptik und des Auskoppelspiegels des Resonators kann zu deren Zerstörung führen. Um einen Parametersatz zu finden, bei dem ein vollständiger Schnitt möglich ist, wird zu Beginn einer Untersuchung die Oberfläche graphitiert, was eine Verringerung der Rückreflexe bewirkt. Eine Neigung der Oberfläche zum Laserstrahl kann bei ersten Versuchen ebenfalls eine Rückspiegelung parallel zum Laserstrahl verhindern, sollte aber nicht beibehalten werden, da dadurch die Geometrie der Bearbeitungszone stark verändert wird.

6.1 Die optimale Fokuslage

Als optimale Fokuslage wird die Position des Strahlfokus relativ zur Werkstückoberseite gesucht, bei der die schnellsten Schnitte erreicht werden können. Wie in Kapitel 5.2 beschrieben, kann sie bei den eingesetzten Schneidstationen auf 0,1 mm genau eingestellt werden. Die Bilder 6.1, 6.2 und 6.3 demonstrieren exemplarisch, wie die maximal mögliche Schneidgeschwindigkeit v_{max} von der Fokuslage abhängt; dabei kennzeichnen positive Fokuslagen Positionen oberhalb des Werkstücks, negative im Werkstück oder darunter.

Die Abhängigkeit der maximal erreichbaren Geschwindigkeit von der Fokusposition ist um so empfindlicher, je dünner das Werkstück ist, siehe dazu den Vergleich zwischen Schnitten an Kupfer mit einer Stärke von 1 mm in Bild 6.1 und von 2 mm in Bild 6.2. Die optimale Lage ist abhängig von der Polarisationsart des Lichtes, aber mögliche Verschiebungen auf Grund einer Änderung der Polarisation betragen nicht mehr als einige Zehntel Millimeter.

Unterschiedliche Werkstoffe reagieren verschieden auf eine Fokusverschiebung, wie der Vergleich Kupfer (Bild 6.1) zu Molybdän (Bild 6.3) beispielhaft zeigt. Die optimale Fokuslage für Sauerstoffschnitte und Inertgasschnitte kann um einige Zehntel Millimeter differieren.

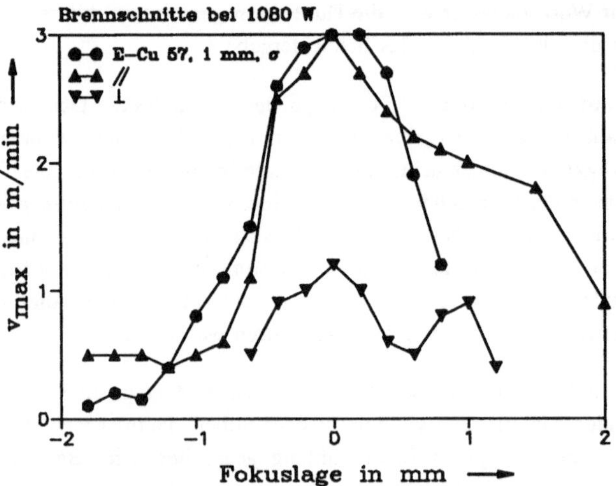

Bild 6.1: Maximale Schneidgeschwindigkeit v_{max} als Funktion der Fokuslage bei Brennschnitten an Kupfer der Stärke 1 mm bei 1080 Watt und linearer parallel (//) oder senkrecht (⊥) zur Verfahrrichtung sowie zirkularer (σ) Polarisation.

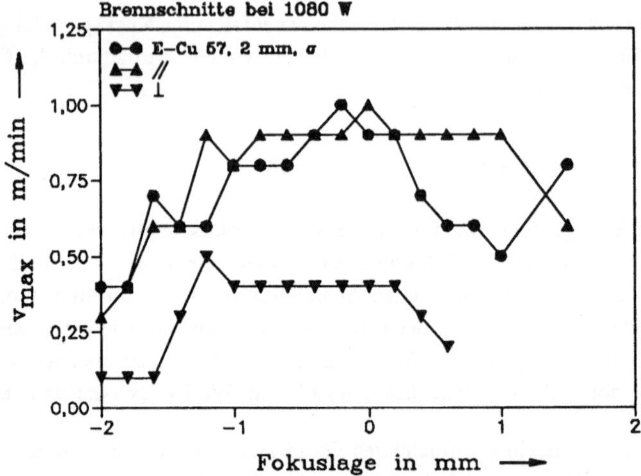

Bild 6.2: Maximale Schneidgeschwindigkeit v_{max} als Funktion der Fokuslage bei Brennschnitten an Kupfer der Stärke 2 mm bei 1080 Watt im Vergleich der unterschiedlichen Polarisationsarten.

Die Schneidversuche an den untersuchten Nichteisenmetallen und Stahl im Blechstärkenbereich bis 3 mm zeigen eine optimale Fokuslage in der Nähe der Werkstückoberfläche. Bei den Stahlschnitten größerer Werkstückdicke kann die gesuchte Fokusposition innerhalb des Bereichs zwischen Werkstückoberseite bis zum ersten Drittel der Materialtiefe liegen.

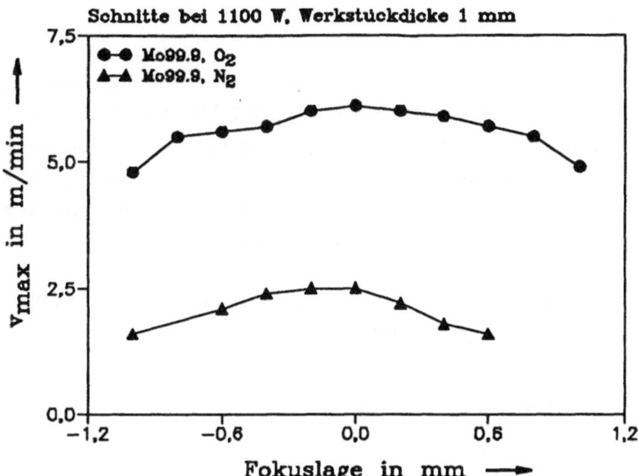

Bild 6.3: Maximale Schneidgeschwindigkeit v_{max} als Funktion der Fokuslage bei Schmelz- und Brennschnitten an Molybdän der Stärke 1 mm bei 1100 Watt, bei linearer Polarisation, parallel zu v.

6.2   Der optimale Abstand der Düse zum Werkstück

Wie in Kapitel 5.2 beschrieben, werden die Versuche mit zwei unterschiedlichen Düsensystemen durchgeführt. Beim Einsatz der konisch-zylindrischen Düse wird der Einfluß des Abstandes $A_{D/W}$ zwischen Düsenstirnfläche und Werkstückoberseite auf die maximale Trenngeschwindigkeit untersucht. Es zeigt sich, daß $A_{D/W}$ für optimalen Austrieb, und damit maximale Verfahrgeschwindigkeit, eine Funktion der Gasströmung und nicht des zu trennenden Materials ist. Je weniger Zwischenraum zwischen Düse und Werkstück bleibt, um so schneller kann getrennt werden. Als Kompromiß zwischen möglichst geringem Abstand und der Verfahrsicherheit bei größeren Werkstückproben, bei denen Toleranzen in der Ebenmäßigkeit auftreten können, wird als optimaler Abstand 0,3 mm für die Düse mit 1 mm Öffnungsdurchmesser und 0,4 mm für die mit 2 mm Öffnung festgesetzt, siehe Tabelle 6.1.

Laser	1,5 kW-Laser	5 kW-Laser	4 kW-Laser$_{instabil}$
$\varnothing_{S\text{-}düse}$	1,0 mm	2,0 mm	2,0 mm
$A_{D/W}$	0,3 mm	0,4 mm	0,4 mm

Tabelle 6.1: Charakteristische Daten zur Standarddüse.

Beim Einsatz der Doppelstrahl-Lavaldüse wird der Vereinigungspunkt der beiden Gasstrahlen, der sich 11 mm unterhalb der Düsenstirnfläche befindet, auf die Werkstückoberfläche gelegt /41,42/.

6.3   Der optimale Gasdruck

Wie Kapitel 5.2 zeigt, ist die Bestimmung des für maximale Trenngeschwindigkeit optimalen Gasdrucks beim Einsatz der Standarddüse nur bis zu 0,5 MPa möglich. Bild 6.4 zeigt am Beispiel von 1,5 mm Baustahl-Schnitten, daß beim Schmelzschneiden mit steigendem Schneidgasdruck schneller getrennt werden kann. Dies verdeutlicht, wie die Austriebskraft des Schneidgases den Trennprozeß beeinflußt. Als Konsequenz hieraus führen einige Autoren, z.B. Juckenath et al. /90/, das Hochdruckschneiden ein.

Die Schmelzschnitte dieser Arbeit, bei denen der Gasstrahl durch die Standarddüse gebündelt wurde, wurden mit 0,5 MPa durchgeführt.

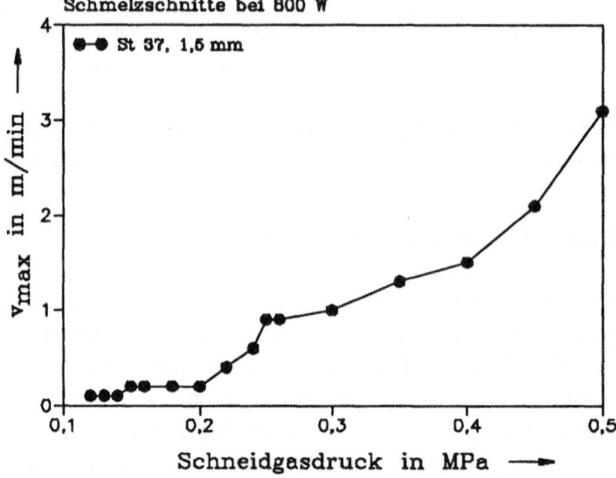

Bild 6.4: Die maximale Schneidgeschwindigkeit v_{max} als Funktion des Schneidgasdrucks bei Schmelzschnitten an Baustahl der Stärke 1,5 mm bei 800 W und linearer Polarisation, parallel zur Vorschubrichtung.

Bei Sauerstoffschnitten sollte ein Gasdruck gewählt werden, der eine Optimierung zwischen der Austriebskraft und der Reaktionsgeschwindigkeit darstellt. Während für einen effizienten Austrieb ein möglichst hoher Schneidgasdruck erwünscht ist, darf der Sauerstofffluß nicht zu groß sein, wenn ein unkontrolliertes Verbrennen des Werkstücks vermieden werden soll /52/. Es zeigt sich, daß bei Werkstücken im Dickenbereich bis 5 mm ein Gasdruck von 0,3 MPa zu guten Ergebnissen führt. Mit weiter zunehmender Blechstärke sollte der Gasdruck bis letztlich unter 0,1 MPa geregelt werden.

6.4   Zur Optimierung der Rauhtiefe und Barthöhe

Eine geringe Rauhtiefe und möglichst wenig Bartanhaftung sind Eigenschaften eines qualitativ guten Schnittes, siehe DIN 2310, Teil 5 /7/. Hierfür optimierte Schneidparameter unterscheiden sich in der Regel von den Parametern für schnellste Schnitte.

So sollte die im Experiment einzustellende Fokuslage nach dem Kriterium der Schnittflächenqualität neu bestimmt werden. Da mit zunehmender Austriebskraft Rauhtiefe und Bartanhaftung geringer werden /34/, ist der für einen möglichst schnellen Schnitt optimierte Abstand Düse zu Werkstück gleich dem für einen qualitativ schönen Schnitt. Ebenso sollte mit möglichst hohem Inertgasdruck gearbeitet werden /34/. Bild 6.5 zeigt die gemittelte Rauhtiefe R_z als Funktion des Gasdrucks bei Schmelzschnitten an Reinaluminium der Stärke 2 mm. Bei Sauerstoffschnitten verbessert eine Verringerung des für maximale Trenngeschwindigkeit anzulegenden Gasdrucks die Schnittqualität, da hier die Verbrennung fein geregelt werden sollte /52/.

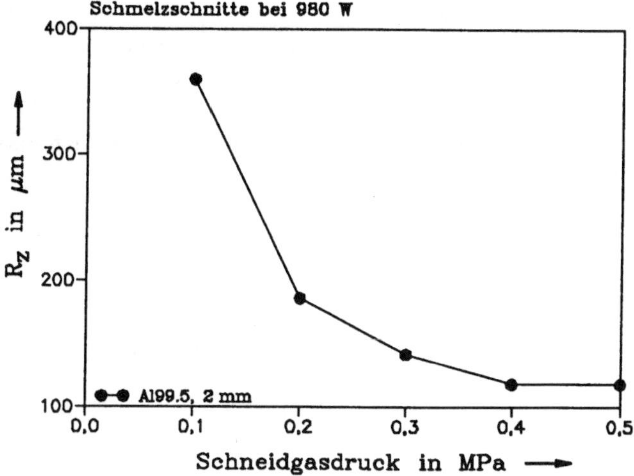

Bild 6.5: Gemittelte Rauhtiefe R_z als Funktion des Schneidgasdrucks bei Schmelzschnitten an Reinaluminium der Stärke 2 mm bei 980 Watt.

Da mit zunehmender Werkstückdicke der Austrieb schwieriger wird, nimmt die erreichbare Schnittqualität ab. Mit wachsender Laserleistung nimmt sie zu, denn durch die stärkere Erhitzung der Schmelze wird die Viskosität herabgesetzt, was den Austrieb des geschmolzenen Materials erleichtert. Dies zeigt Bild 6.6 am Beispiel von Schmelzschnitten an Messing.

Da die maximal mögliche Trenngeschwindigkeit dann erreicht wird, wenn die durch einen Laserstrahl erzeugte Materialschmelze gerade noch durch den Gasstrahl ausgetrieben wird, kann der Schmelzaustrieb bei v_{max} zwar ausreichend für das Erstellen einer Fuge, aber nicht für eine gute Schnittflankenqualität sein. Hieraus erklärt sich, daß bei 70 % bis 80 % der Maximalgeschwindigkeit die Geschwindigkeit für eine optimale Schnittqualität liegt /21, 64, 68/.

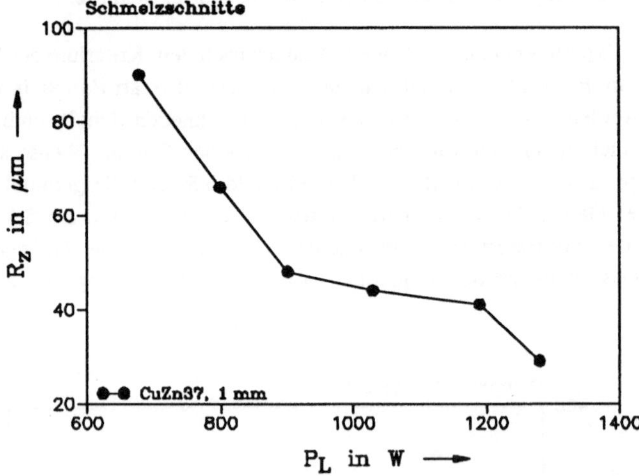

Bild 6.6: Gemittelte Rauhtiefe R_z als Funktion der Laserleistung bei Schmelzschnitten an CuZn37 der Stärke 1 mm, jeweils bei Schnitten maximaler Trenngeschwindigkeit.

7 Untersuchungen zur maximalen Schneidgeschwindigkeit

Bei am Werkstück vorgegebener Laserleistung P_L kann die maximal mögliche Schneidgeschwindigkeit v_{max} als Grenzwert innerhalb des Prozeßverlaufes durch eine Energiebilanz beschrieben werden, die von optimaler Laserstrahleinkopplung ausgeht. Untersuchungen zur Beeinflussung von v_{max} durch die Schneidparameter eines Trennexperiments können das Verständnis des Prozesses fördern und sollen im folgenden vorgestellt werden. Es wird gezeigt, wie die maximale Schneidgeschwindigkeit von der Laserleistung bei Schmelz- und Brennschnitten, von der Leistungsklasse des Lasers, der Werkstückstärke und vom zu trennenden Werkstoff selbst abhängt.

Zu jedem der Untersuchungsschwerpunkte dieses Kapitels werden beispielhafte Experimente vorgestellt, die sodann in ihrem Prozeßverlauf erklärt werden. Die Schneidexperimente werden bei linearer Polarisation parallel zur Verfahrrichtung mit den Lasern mit stabilem Resonator durchgeführt. Ein Vergleich der Einsetzbarkeit des instabilen Resonators folgt in Kapitel 9.

7.1 Die maximale Schneidgeschwindigkeit als Funktion der Laserleistung

Bei der Darstellung der maximalen Schneidgeschwindigkeit als Funktion der Laserleistung wird die Leistung P_L betrachtet, die am Werkstück zur Verfügung steht, da die Leistungsverluste zwischen Resonator und Bearbeitungspunkt abhängig von der jeweiligen Anlage sind und zudem im Langzeitbetrieb noch durch Verschmutzungen der optischen Komponenten zunehmen können.

7.1.1 Schmelzschnitte

Beispielhaft an einer Standardmagnesiumlegierung, MgAl3Zn, zeigt Bild 7.1 die maximale Schneidgeschwindigkeit als Funktion der Laserleistung. In Bild 7.2 sind typische Eigenschaften der $v_{max}(P_L)$-Kurven in einer Prinzipskizze gezeichnet, wie sie in einer Vielzahl von Versuchen gemessen wurden.

Damit ein Trennen selbst bei langsamsten Geschwindigkeiten möglich ist, muß dem Prozeß eine Mindestleistung P_{LS}, die im folgenden Laserschwelleistung genannt werden soll, angeboten werden. Nach Erreichen dieser Schwelle nimmt die Schneidgeschwindigkeit v_{max} als Funktion von P_L mit wachsender Leistung in einem Kurvenverlauf mit positiver zweiter Ableitung, einem sogenannten konvexen Verlauf, zu (Bereich I). An Bereich I schließt sich ein Abschnitt von nahezu Geradenform an: im Bereich II steigt die Geschwindigkeit linear mit der Laserleistung. Analog zu den Laserbrennschnitten ist ein Bereich III zu erwarten, in dem die Verfahrgeschwindigkeit eine verringerte Zunahme erfährt oder sogar konstant wird. Dieser Bereich liegt außerhalb des Leistungsangebots der zur Verfügung stehenden Laser und kann deshalb nicht gemessen werden.

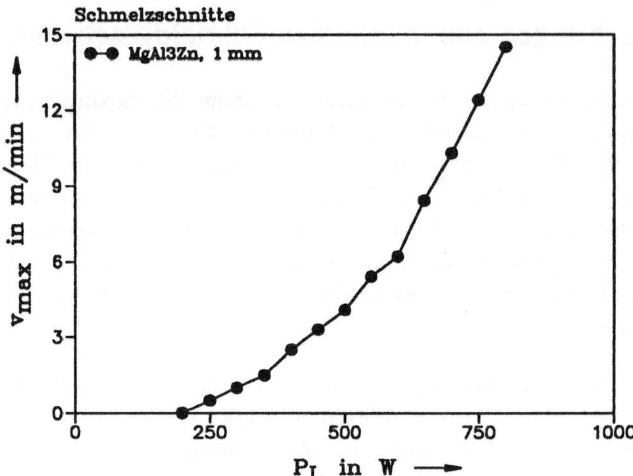

Bild 7.1: Die maximale Schneidgeschwindigkeit v_{max} als Funktion der am Werkstück zur Verfügung stehenden Laserleistung P_L für Schmelzschnitte an MgAl3Zn der Stärke 1 mm.

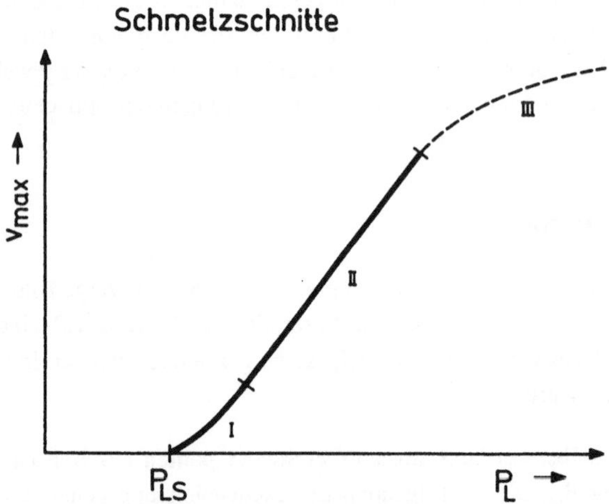

Bild 7.2: Prinzipskizze zur $v_{max}(P_L)$-Kurve bei Schmelzschnitten.

Zur Erklärung dieses typischen $v_{max}(P_L)$-Verlaufs soll eine Energiebilanz des Schmelzschneid-prozesses in Anlehnung an das Modell von Petring et al. /82/, Gleichungen (3.1) bis (3.3), durchgeführt werden. Zur Abschätzung der Wärmeleitungsverluste beim Schneiden der verschiedenen metallischen Werkstoffe wird die Näherungsformel (3.2) herangezogen, die von den Autoren für Baustahl vorgestellt wurde, deren Herleitung aber materialunabhängig sein

sollte. In Bild 7.3 sind sowohl die Wärmeleitungsverluste als auch der gesamte Leistungsbedarf zum Schneiden als Funktion der Trenngeschwindigkeit zwischen 0 m/min und
15 m/min, der durch die Anlage bedingten maximalen Geschwindigkeit der Trennexperimen-
te, dargestellt. Als Werkstück wird Magnesium mit einer Stärke d von 1 mm bei einer an-
genommenen Fugenbreite b von 0,2 mm betrachtet.

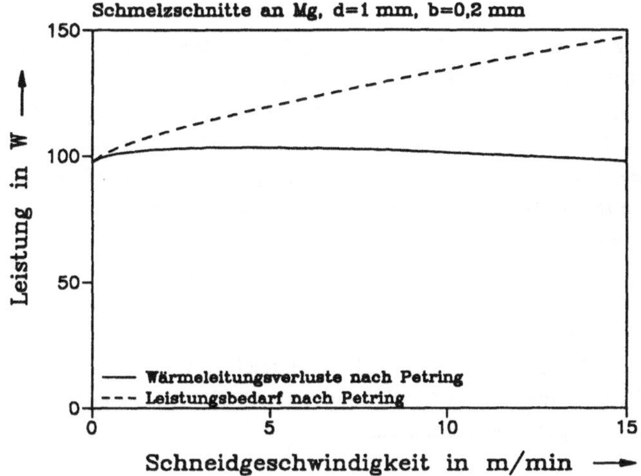

Bild 7.3: Nach Petring /83/ berechneter Leistungsbedarf zum Trennen von Magnesium der Stärke
1 mm und die Wärmeleistungsverluste des Prozesses als Funktion der Trenngeschwindigkeit.

Es wird deutlich, daß bei Trenngeschwindigkeiten nahe Null fast der gesamte Leistungsbedarf
zum Decken der Wärmeleitungsverluste benötigt wird. Mit steigenden Schneidgeschwindigkeiten nehmen die Wärmeverlustleistung und der gesamte zum Trennen benötigte Leistungsbedarf zunächst in einem konkaven Kurvenverlauf, das heißt mit fallender Tangentensteigung,
zu. Bei weiter wachsender Geschwindigkeit wird im untersuchten Geschwindigkeitsbereich die
Wärmeverlustleistung um 10 % kleiner, wohingegen der Gesamtleistungsbedarf linear
ansteigt.

Im Experiment steht ausschließlich der im Werkstück eingekoppelte Anteil der Laserleistung,
$E_S \cdot P_L$, zum Trennen zur Verfügung. Die Schwelleistung P_{LS} entspricht somit $E_S^{-1} \cdot P_W(v=0)$.
Sie ist eine Funktion des Einkoppelgrades E_S und der Wärmeleitungsverluste P_W bei minimalen Geschwindigkeiten. Wie Kapitel 3.2 zeigt, führt das Modell nach Petring und die
Approximation nach Simon zu ähnlichen Schwelleistungen. Im folgenden wird der Ansatz
nach Petring weiter verfolgt, da Petring im Unterschied zu Simon keine Einschränkung des
Gültigkeitsbereichs zu kleinen Trenngeschwindigkeiten hin macht. Mit einer Grenzwert-
bildung der Gleichung (3.2) für die Verfahrgeschwindigkeit v gegen Null können die Wärmeleitungsverluste P_W bei einer Geschwindigkeit $v = 0$ folgendermaßen dargestellt werden:

$$P_W(v=0) = 2 \cdot \sqrt{b \cdot d} \cdot K_W \cdot (T_S - T_0) \quad . \tag{7.1}$$

Die Wärmeleitungsverluste an der Schwelle sind also einerseits linear abhängig von der Differenz zwischen Schmelztemperatur und Umgebungstemperatur sowie von der Wärmeleitfähigkeit des Werkstoffs und andererseits abhängig von der Wurzel aus der Schnittspaltbreite und der Materialdicke.

Dem Prozeß muß mindestens die Schwelleistung P_{LS} zur Verfügung gestellt werden, damit ein Schnitt möglich wird. Der Kurvenverlauf im Bereich I des Bildes 7.2 spiegelt sich in den Graphen der Verlustleistung und des Leistungsbedarfs bei kleinen Geschwindigkeiten in Bild 7.3 wieder. Der lineare Anstieg des Leistungsbedarfs bei größeren Geschwindigkeiten erklärt den linearen Bereich II in der Prinzipdarstellung 7.2. Mit der Energiebilanz (3.1) und unter Berücksichtigung, daß nur der ins Werkstück eingekoppelte Anteil der Laserleistung $E_S \cdot P_L$ für den Schneidprozeß genutzt werden kann, gilt:

$$E_S \cdot P_L = (P_E + P_S + P_D + P_W) \quad . \tag{7.2}$$

Unter der Vereinfachung, daß die innerhalb des Bereiches II, in dem v linear mit P_L zunimmt, um rund 10 % abnehmenden Wärmeleitungsverluste P_W unabhängig von v konstant sein sollen, kann (7.2) umgeformt werden zu:

$$v = \frac{-P_W(b,d)}{b \cdot d \cdot Z} + E_S \cdot \frac{P_L}{b \cdot d \cdot Z} \tag{7.3}$$

mit

$$Z := \varrho \cdot c \cdot (T_P - T_0) + \varrho \cdot h_S \quad . \tag{7.4}$$

Danach ist die Steigung des $v(P_L)$-Graphen direkt proportional zum Einkoppelgrad und umgekehrt proportional zum Energiebedarf zur Erzeugung der Schnittfuge pro Zeiteinheit und deshalb umgekehrt proportional zur Schnittfugenbreite b, zur Werkstückdicke d und zur Werkstoffdichte ϱ. Ein Material mit geringer Dichte, geringen Schmelz- und Verdampfungstemperaturen, geringer Wärmeleitfähigkeit und kleiner Schmelzenthalpie bei hoher Absorptionsfähigkeit für Licht der Wellenlänge 10,6 µm wäre ideal zum Trennen mit CO_2-Lasern.

Eine verringerte Zunahme der maximalen Schneidgeschwindigkeit bei weiterer Steigerung der Laserleistung, die sogar zu einer konstanten Geschwindigkeit führen kann, ist durch mangelhaften Schmelzaustrieb auf Grund einer Begrenzung der Austriebskräfte erklärbar. Abweichungen realer Meßverläufe von dem prinzipiellen Verlauf in Bild 7.2 können durch Änderungen im Einkoppelgrad und der Schnittfugenbreite, verursacht durch Austriebsmechanismen, die in der Energiebilanz nach Petring nicht berücksichtigt werden, gedeutet werden.

7.1.2   Brennschnitte

Der Einsatz des Sauerstoffs als Schneidgas kann zu zwei unterschiedlichen Kurventypen $v_{max}(P_L)$ führen. Dies zeigt Bild 7.4 am Beispiel von Brennschnitten an Baustahl der Stärke 2 mm und an Reinaluminium der Stärke 0,6 mm. Im Vergleich der in den Versuchen zur Verfügung stehenden Materialien zeigen Stahl und Molybdän unter Sauerstoffeinfluß einen Kurvenverlauf $v_{max}(P_L)$ mit einer konkaven Krümmung bei Laserleistungen in der Nähe der Schwelleistung. Die Brennschnitte an Aluminium, Kupfer, Magnesium und Messing führen zu dem konvexen Kurvenverlauf, der von den Schmelzschnitten, Kapitel 7.1.1, bekannt ist.

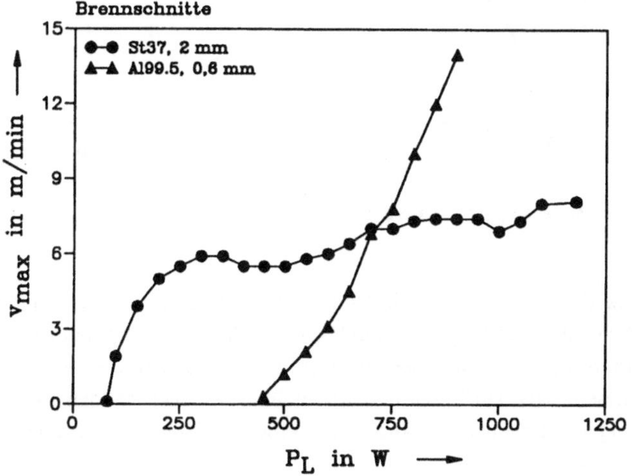

Bild 7.4: Die maximale Schneidgeschwindigkeit v_{max} als Funktion der Laserleistung P_L für Brennschnitte an Baustahl der Stärke 2 mm und an Reinaluminium der Stärke 0,6 mm.

Die Darstellung der maximalen Schneidgeschwindigkeit als Funktion der Laserleistung führt zu dem konkaven Kurvenverlauf, wenn beim Laserschneiden die Entzündungstemperatur der Stoffe wie bei Stahl oder Molybdän, erreicht wird. Diese Materialien können bei den zur Verfügung stehenden Laserleistungen unter Sauerstoffeinfluß selbständig abbrennen. Bild 7.5 skizziert den prinzipiellen Verlauf solcher Brennschnitte. An die konkave Krümmung, Bereich I, schließt sich ein Bereich II an, in dem die maximale Schneidgeschwindigkeit linear mit der Laserleistung steigt. In einem Bereich III nimmt die Zunahme der Geschwindigkeit wieder ab.

Wie in Kapitel 3.2 zusammengefaßt dargestellt wird, wird das Brennschneiden mit Sauerstoff von Stahl erklärt, indem der Prozeß in einen sauerstoff- und einen laserdominierten Teil aufgespalten wird. Diese Überlegungen lassen sich allgemein auf solche Metalle übertragen, deren Entzündungstemperatur unter Erwärmung mit dem Laserstrahl erreicht werden kann.

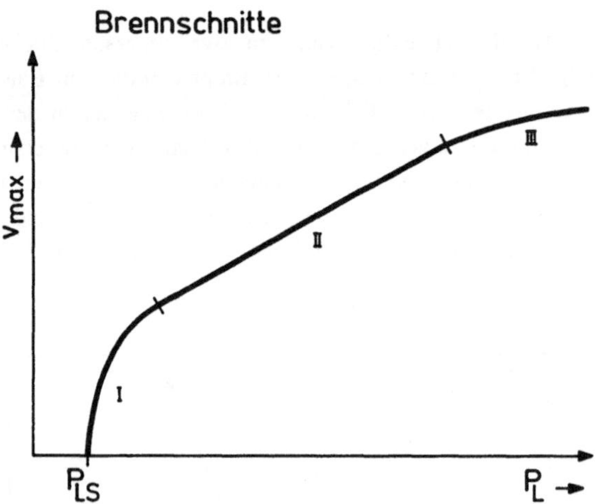

Bild 7.5: Prinzipskizze zur $v_{max}(P_L)$-Kurve bei Brennschnitten, bei denen der Werkstoff selbständig verbrennt.

Die Prinzipskizze der $v_{max}(P_L)$-Kurve in Bild 7.5 kann folgendermaßen erklärt werden: Nach Erreichen der Schwelleistung P_{LS}, die durch die Entzündungstemperatur des Werkstoffs bestimmt wird, nimmt v_{max} mit zunehmender Leistung sehr schnell in einer konkaven Kurve zu, Bereich I. In diesem sauerstoffdominierten Bereich, der auch an den mehreren Millimeter breiten Schnittfugen erkennbar ist, wird durch eine Erhöhung der Laserleistung der Oxidationsprozeß verstärkt.

Da im sauerstoffdominierten Bereich des Brennschneidens die Schnittfuge unregelmäßig ausbrennt, ist die Abschätzung der Wärmeleitungsverluste nach Gleichung (7.1) nicht sinnvoll.

Bei einer weiteren Erhöhung der Verfahrgeschwindigkeit wird nach Miyamoto und Maruo /52/ die Abbrenngeschwindigkeit des Materials überschritten, der Prozeß findet im laserdominierten Bereich, in der Skizze der Bereich II, statt. Hier steigt die Geschwindigkeit linear mit der Laserleistung an, wobei die exotherme Energie als zusätzliche Energiequelle zur Verfügung steht. Die Schnittfugenbreiten sind ähnlich denen der Schmelzschnitte. Da nur ein Teil der Materialschmelze mit dem Schneidsauerstoff reagiert, dessen Größe durch die Diffusionsvorgänge des Sauerstoffs durch die Oxidhaut auf der Schmelze hindurch bestimmt wird /47/, können die vorhandenen Schneidmodelle nicht benutzt werden, um eine Aussage über die Steigung dieses Kurvenbereiches treffen zu können.

Um den Bereich III, in dem die Zunahme der Schneidgeschwindigkeit abnimmt, erklären zu können, muß die Energiebilanz durch Überlegungen zum Schmelzaustrieb einerseits und zur Geschwindigkeitsabhängigkeit der Oxidation andererseits erweitert werden.

Unabhängig von der Erreichung der Entzündungstemperatur beim Laserbrennschneiden vergrößert die exotherme Energie des durch den Sauerstoffeinfluß oxidierenden Werkstoffs das Energieangebot für den Schneidprozeß. Eine weitere Zunahme ergibt sich durch die erhöhte Einkopplung der Laserstrahlung an der Schnittfront, da der Absorptionsgrad für 10,6 µm-Strahlung der entstehenden Metalloxide höher ist als der des Grundwerkstoffs (Kapitel 2). Durch diese beiden Effekte wird eine Verringerung der Schwelleistung P_{LS} von Brennschnitten im Vergleich zu Schmelzschnitten verursacht, siehe Bild 7.6.

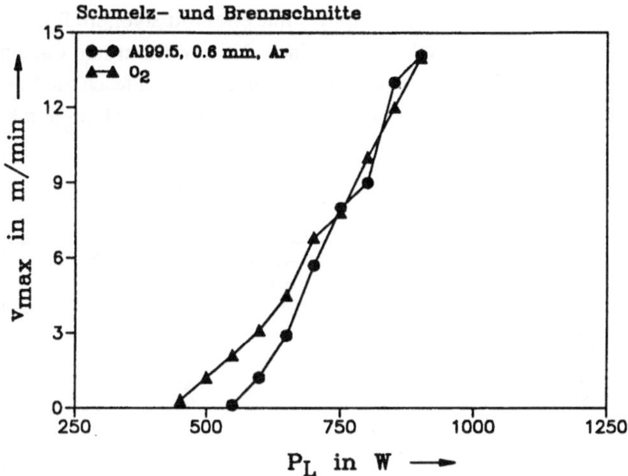

Bild 7.6: Die maximale Schneidgeschwindigkeit v_{max} als Funktion der Laserleistung P_L im Vergleich Schmelz- zu Brennschnitten an Al99.5 der Stärke d von 0,6 mm.

Bild 7.6 verdeutlicht an Reinaluminium der Stärke 0,6 mm, daß der Einfluß des Sauerstoffs nicht bei allen Materialien die maximal erreichbare Schneidgeschwindigkeit vergrößert, obwohl mehr Energie zum Trennen zur Verfügung steht.

Metall	Al	Cu		Fe	Mg	Mo	Ti
T_S in °C	660	1083		1539	650	2625	1730
Oxid	Al_2O_3	CuO	Cu_2O	Fe_3O_4	MgO	MoO_3	TiO_2
$T_{S\,Ox}$ in °C	2045	1336	1230	1594	2802	795	1855

Tabelle 7.1: Vergleich der Schmelztemperatur der Metalle T_S zu der der Metalloxide $T_{S\,Ox}$ /92/.

Bei Materialien, deren Schmelzpunkt geringer als der ihrer Oxide ist, vergleiche Tabelle 7.1, kann trotz geringerer Schwelleistung der Brennschnitte die maximal erreichbare Geschwindigkeit der Schmelzschnitte mit zunehmender Laserleistung gleich oder auch größer sein als die der Brennschnitte. Dies kann erklärt werden durch ein Aufschwimmen der hochschmelzenden Oxide auf der Metallschmelze, was den Austrieb behindert; typisch für solche Brennschnitte ist ein fest anhaftender Bart /91/.

7.2 Die maximale Schneidgeschwindigkeit bei Variation der Laserleistungsklasse

Um den Einfluß der Laserleistungsklasse auf den Trennprozeß untersuchen zu können, wird im Rahmen der Untersuchungen dieses Kapitels mit zwei mit stabilem Resonator aufgebauten Lasern unterschiedlicher Leistungsklasse, mit einem 1,5 kW-Laser und mit einem 5 kW-Laser (Kapitel 5.1), getrennt. Bild 7.7 vergleicht die maximale Trenngeschwindigkeit als Funktion der Laserleistung bei Schmelzschnitten an 2 mm starken Reinaluminiumblechen (Al99.5) beim Einsatz beider Laser.

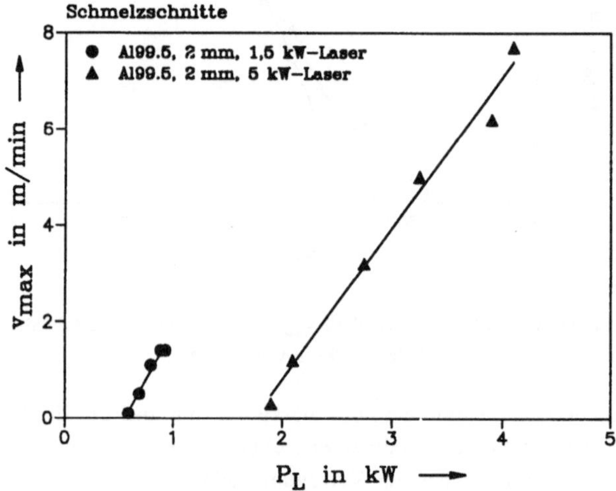

Bild 7.7: Vergleich der maximalen Schneidgeschwindigkeit v_{max} als Funktion der Laserleistung P_L bei Schmelzschnitten an Al99.5 (d = 2 mm) mit dem 1,5 kW- und dem 5 kW-Laser.

Es zeigt sich, daß die Schwelleistung bei dem Experiment mit dem 1,5 kW-Laser bei etwa 590 Watt und bei dem mit dem 5 kW-Laser bei 1800 Watt liegt. Die mit jeweiliger Maximalleistung am Werkstück erreichte größte Schneidgeschwindigkeit beträgt mit dem 1,5 kW-Laser 1,5 m / min und mit dem 5 kW-Laser 7,5 m / min.

In Bild 7.8 ist ein Vergleich der beiden Lasersysteme bei Brennschnitten an St37 der Stärke 2 mm dargestellt. Auch hier zeigt sich eine geringere Schwelleistung beim Trennen mit dem 1,5 kW-Laser, 90 Watt, gegenüber der mit dem 5 kW-Laser, 290 Watt, bei insgesamt höherer maximal erreichbarer Trenngeschwindigkeit mit dem 5 kW-Laser.

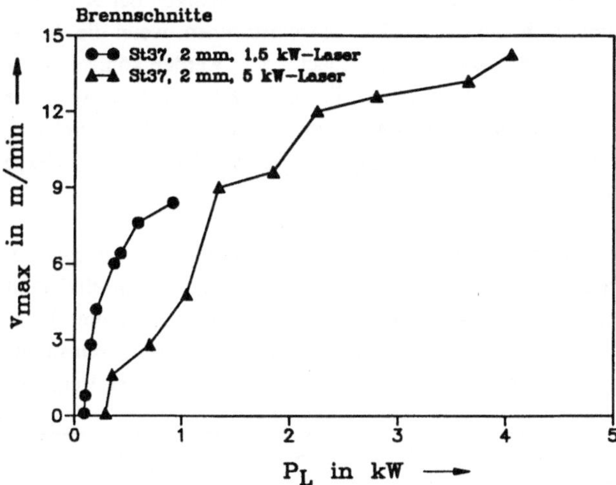

Bild 7.8: Vergleich der maximalen Schneidgeschwindigkeit v_{max} als Funktion der Laserleistung P_L bei Brennschnitten an St37 ($d = 2$ mm) mit dem 1,5 kW- und dem 5 kW-Laser.

Ein Vergleich der zugehörigen Schnittspaltbreiten der Aluminiumschnitte aus Bild 7.7 verdeutlicht, daß mit dem Laser geringeren Fokusdurchmessers kleinere Spaltbreiten erzeugt werden, siehe Tabelle 7.2. Dadurch ist auch das durch den Laserstrahl aufgeschmolzene Volumen pro Zeiteinheit geringer und damit ebenfalls der Leistungsbedarf zum Trennen. Schneidversuche zeigen bei allen untersuchten Werkstoffen, daß sich im Werkstückdickenbereich bis 5 mm eine Schnittspaltbreite in der Größenordnung des Fokusdurchmessers des Schneidlaserstrahls einstellt. Dies gilt auch bei Brennschnitten, sofern im laserdominierten Bereich getrennt wird.

	Fokusdurch-messer $\varnothing_f$	mittlere Fuge b	P_{LS}	$P_{LS\,1,5}/P_{LS\,5}$	$(b_{1,5}/b_5)^{1/2}$
1,5 kW-Laser	0,17 mm	0,14 mm	590 W	0,33	0,19
5 kW-Laser	0,27 mm	0,26 mm	1800 W		

Tabelle 7.2: Vergleich der Schnittspaltbreiten der Aluminiumschnitte aus Bild 7.7 mit den Fokusdurchmessern der zum Trennen benutzten Laser und Vergleich der Schwelleistungen mit den Wurzeln aus den Fugenbreiten.

Die Näherungsformel (7.1), die bei Schmelzschnitten die Wärmeleitungsverluste bei kleinsten Geschwindigkeiten, also an der Schwelle, abschätzt, soll im folgenden auf die Aluminiumschnitte von Bild 7.7 angewandt werden. Hierzu werden die Schwelleistungen und deren zugehörige Schnittspaltbreiten verglichen. Tabelle 7.2 stellt den Quotienten aus den Wurzeln der

Schnittspaltbreiten dem Quotienten aus den Schwelleistungen der Aluminiumschnitte gegenüber. Diese müßten nach Gleichung (7.1) übereinstimmen, wenn die Austriebsmechanismen bei der Betrachtung der Schwelleistung vernachlässigt werden können und wenn gleiche Einkoppelgrade beim Trennen mit unterschiedlichen Laserleistungsklassen angenommen werden können. Trotz dieser vereinfachenden Annahmen liegt der nach den Schnittspaltbreiten zu erwartende Quotient aus den Schwelleistungen gegenüber dem durch das Experiment bestimmten nur um 30 % tiefer.

Tabelle 7.3 vergleicht die Steigungen der durch die Meßpunkte gelegten Ausgleichsgeraden aus Bild 7.7. Nach Gleichung (7.3) sollten die Steigungen multipliziert mit der jeweiligen Fugenbreite übereinstimmen, wenn unabhängig von der Laserleistungsklasse der Einkoppelgrad und die Wärmeleitungsverluste in den Schnittversuchen übereinstimmten, während der Austrieb nicht gesondert berücksichtigt werden muß. Auch dieser Vergleich gelingt bedingt.

	Steigung der Ausgleichs-geraden in m/min/kW	Steigung multipliziert mit b in m· mm/min/kW
1,5 kW-Laser	4,1	0,57
5 kW-Laser	3,1	0,82

Tabelle 7.3: Vergleich der Steigungen der Ausgleichsgeraden der Meßpunkte zu den Aluminiumschnitten in Bild 7.7 und ihres Produkts mit der jeweiligen Fugenbreite.

Der Vergleich der maximal erreichten Trenngeschwindigkeiten macht deutlich, daß absolut betrachtet der Einsatz des 5 kW-Lasers dann gefordert werden muß, wenn entsprechend hohe Schneidgeschwindigkeiten verlangt werden, trotz seiner schlechteren Strahlqualität im Vergleich zum 1,5 kW-Laser, die eine vergleichsweise größere Schwelleistung und geringere Steigung der $v_{max}(P_L)$-Kurve bewirkt.

7.3   Die maximale Schneidgeschwindigkeit bei Variation der Materialstärke

Wie Kapitel 7.2 zeigt, sollten weitere Vergleiche der maximal erreichbaren Schneidgeschwindigkeiten innerhalb von Versuchen mit derselben Strahlquelle, Strahlführung und Laserstrahlfokussierung durchgeführt werden, damit nur ein Parameter geändert wird. So werden im folgenden die Schneidversuche mit dem 1,5 kW-Laser und dem 5 kW-Laser getrennt untersucht.

Schnitte mit dem 1,5 kW-Laser

In Bild 7.9 ist die maximal erreichbare Schneidgeschwindigkeit als Funktion der Laserleistung für Schmelzschnitte an Reinaluminium in den Stärken 0,6 mm, 2 mm und 3 mm dargestellt. Bild 7.10 vergleicht Schmelzschnitte an MgAl3Zn in den Stärken 0,3 mm, 1 mm und 2 mm.

Es zeigt sich, daß mit zunehmender Werkstückdicke die Schwelleistung zu- und die Steigung der Kurven abnehmen.

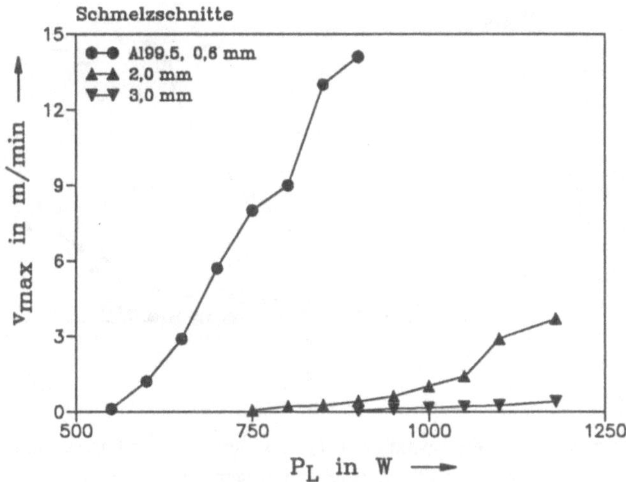

Bild 7.9: Maximale Schneidgeschwindigkeit v_{max} als Funktion der Laserleistung P_L bei Schmelzschnitten an Al99.5 unterschiedlicher Materialstärken mit dem 1,5 kW-Laser.

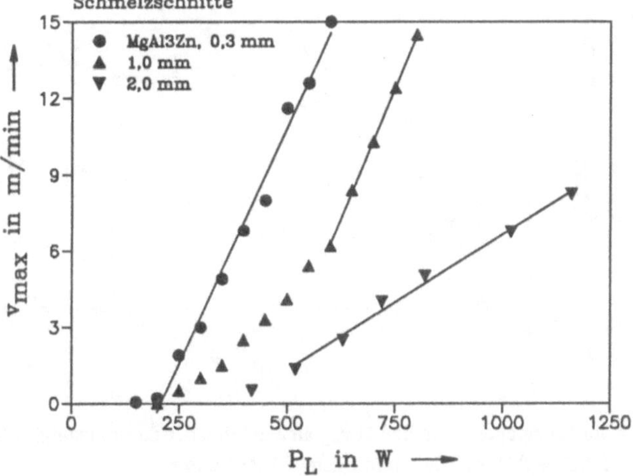

Bild 7.10: Maximale Schneidgeschwindigkeit v_{max} als Funktion der Laserleistung P_L bei Schmelzschnitten an MgAl3Zn unterschiedlicher Materialstärken mit dem 1,5 kW-Laser.

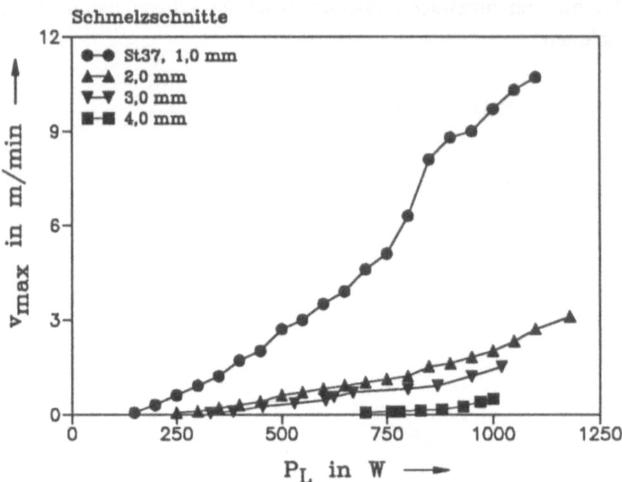

Bild 7.11: Maximale Schneidgeschwindigkeit v_{max} als Funktion der Laserleistung P_L bei Schmelz-schnitten an St37 unterschiedlicher Materialstärken mit dem 1,5 kW-Laser.

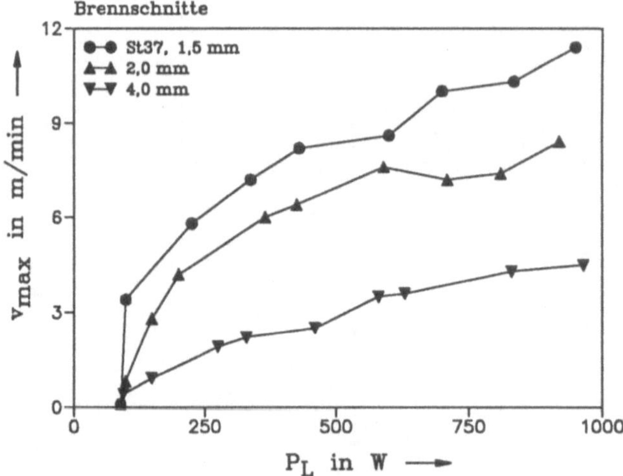

Bild 7.12: Maximale Schneidgeschwindigkeit v_{max} als Funktion der Laserleistung P_L bei Brennschnitten an St37 unterschiedlicher Materialstärken mit dem 1,5 kW-Laser.

In den Bildern 7.11 und 7.12 werden Baustahlschnitte mit Stickstoff und Sauerstoff als Schneidgas verglichen. Die Schmelzschnitte zeigen wie bei den vorherigen Bildern unter-schiedliche Schwelleistungen und Steigungen. Die $v_{max}(P_L)$-Kurven der Sauerstoffschnitte

weisen für die untersuchten Dicken 1,5 mm, 2 mm und 4 mm eine nahezu gleiche Schwellleistung auf, die niedriger liegt als bei den Schmelzschnitten.

Schnitte mit dem 5 kW-Laser

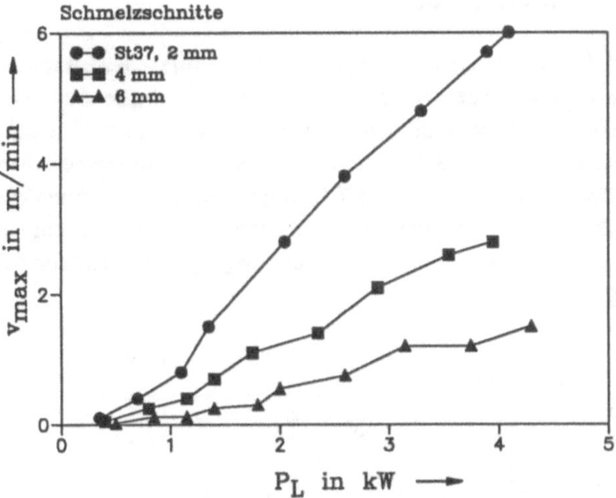

Bild 7.13: Maximale Schneidgeschwindigkeit v_{max} als Funktion der Laserleistung P_L bei Schmelzschnitten an St37 unterschiedlicher Materialstärken mit dem 5 kW-Laser.

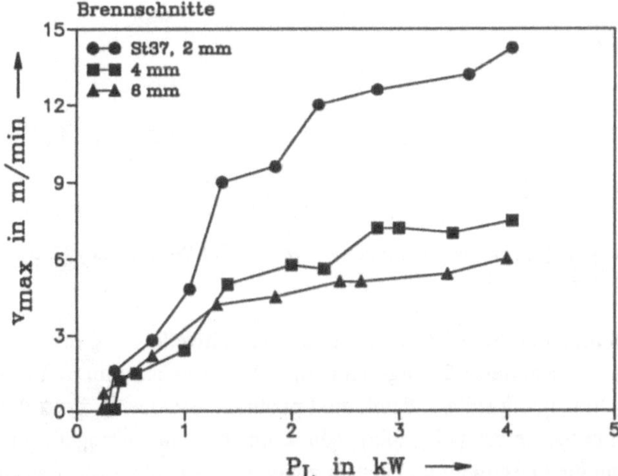

Bild 7.14: Maximale Schneidgeschwindigkeit v_{max} als Funktion der Laserleistung P_L bei Brennschnitten
an St37 unterschiedlicher Materialstärken mit dem 5 kW-Laser.

Die Bilder 7.13 und 7.14 vergleichen Schmelz- und Brennschnitte mit dem 5 kW-Laser an
Baustahl der Stärke 2 mm, 4 mm und 6 mm. Die Schmelzschnitte zeigen unterschiedliche
Schwelleistungen und Steigungen. Die Schwellen der $v_{max}(P_L)$-Kurven der Sauerstoffschnitte
liegen nahe beieinander.

Erklärung der Schneidergebnisse

In Bild 7.15 sind die Schwelleistungen P_{LS} aus den Schmelzschnitten mit dem 1,5 kW-Laser
dieses Kapitels als Funktion der Wurzel aus der Werkstückdicke d aufgetragen. Nach Gleichung (7.1) sollten bei Einkoppelgraden, die unabhängig von der Werkstückstärke sind, und
bei konstanten Fugenbreiten die Schwelleistungen aus den Schneidversuchen an einem Werkstoff auf einer Geraden liegen. Wie Bild 7.15 zeigt, können diese Annahmen als Hilfsmittel
für eine Abschätzung der Schwelleistungen dienen. Allerdings macht der Graph zu den
Schnitten an Baustahl deutlich, daß die Vernachlässigung des Austriebs bei St37 der Stärke
4 mm unzulässig ist.

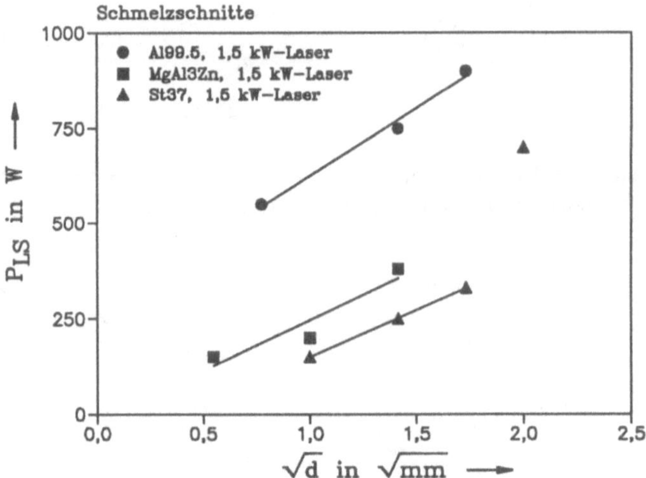

Bild 7.15: Schwelleistung P_{LS} als Funktion der Wurzel aus der Werkstückdicke d für Schmelzschnitte
an unterschiedlichen Werkstoffen.

Bei den Brennschnitten an St37 ist die Variation der Schwelleistung mit der Werkstückdicke
kleiner 5 %. Wie in Kapitel 3.2 eingeführt, muß bei Brennschnitten eine genügend große
Laserenergie zur Verfügung stehen, damit die Entzündungstemperatur des Werkstoffs erreicht
wird und das Material selbständig abbrennen kann. Mit nur geringer Zunahme an Laserleistung kann dann die Geschwindigkeit stark zunehmen, wie die große Steigung im Bereich I
der Brennschnitte in Kapitel 7.1 zeigt. Ebenso reicht eine geringe Zunahme der Schwell-
leistungen aus, Werkstücke größerer Materialstärke zu trennen.

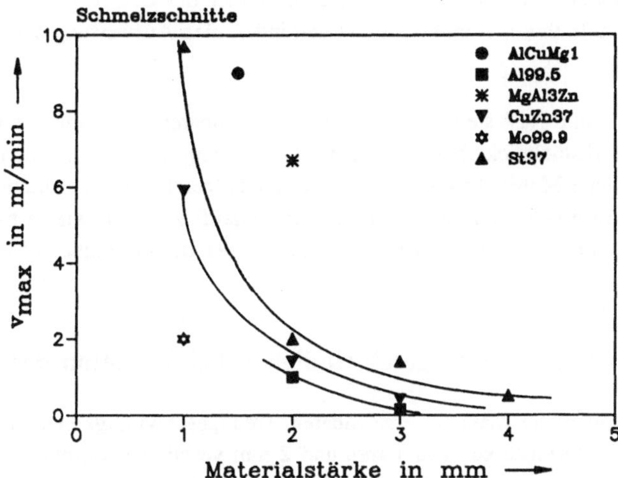

Bild 7.16: Maximale Schneidgeschwindigkeit v_{max} als Funktion der Werkstückdicke d bei Schmelzschnitten bei 1000 Watt, getrennt mit dem 1,5 kW-Laser.

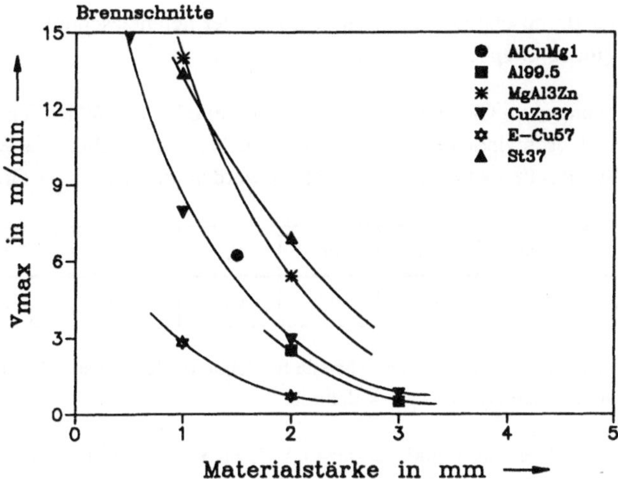

Bild 7.17: Maximale Schneidgeschwindigkeit v_{max} als Funktion der Werkstückdicke d bei Brennschnitten bei 1000 Watt, getrennt mit dem 1,5 kW-Laser.

In Bild 7.10 wird versucht, für die Meßpunkte innerhalb der linearen Bereiche der $v_{max}(P_L)$-Kurven jeweils eine Ausgleichsgerade zu finden, um die Steigung der Graphen auswerten zu können. Auf Grund des durch die Begrenzung der Maximalausgangsleistung der Laser kleinen Anteils der experimentellen Meßpunkte an einem $v_{max}(P_L)$-Graphen ist es allerdings nicht möglich, definitiv zu entscheiden, wo der lineare Bereich des Graphen beginnt. Dies trifft auf alle Schmelzschnitte dieses Kapitels zu und verhindert eine Auswertung der Steigungen ihrer $v_{max}(P_L)$-Kurven.

Die Bilder 7.16 und 7.17 stellen die maximal erreichbaren Schneidgeschwindigkeiten als Funktion der Werkstückdicke bei 1000 Watt Laserleistung, getrennt mit dem 1,5 kW-Laser, für unterschiedliche Materialien zusammen. Bild 7.16 zeigt Schmelzschnitte und Bild 7.17 Brennschnitte. Ein mathematisch hyperbolischer Verlauf, $v \sim 1 / d$, wie in der Literatur /74/ beschrieben, ist nur teilweise zu sehen. Die Graphen der Brennschnitte schneiden sich sogar teilweise.

7.4   Die maximale Schneidgeschwindigkeit bei Variation des Materials

Im folgenden sollen die maximal erreichbaren Trenngeschwindigkeiten bei Variation des Werkstoffs bei Materialstärken von 1 mm und 2 mm verglichen werden, da dieser Dickenbereich bei den meisten Materialien von besonderem Interesse ist. Als Laser dient der 1,5 kW-Laser. Die Bilder 7.18 und 7.19 vergleichen Schmelzschnitte (7.18 bei 1 mm, 7.19 bei 2 mm), die Bilder 7.20 und 7.21 Brennschnitte (7.20 bei 1 mm, 7.21 bei 2 mm).

Es zeigen sich bei jeder Werkstückdicke materialabhängige Schwelleistungen und Steigungen. Die Schwellen der Brennschnitte sind geringer als die der Schmelzschnitte. Bei Schmelz- und Brennschnitten gibt es Graphen, die einander schneiden.

Nach den Überlegungen zu Gleichung (7.1) sind in Tabelle 7.4 die Wärmeleitungsverluste bei minimalen Schneidgeschwindigkeiten für die untersuchten Materialien bei Werkstückdicken von 1 mm und Spaltbreiten von 0,2 mm berechnet worden und nach ihrer Größe aufgelistet.

Metall	Ti	Mg	Fe	Al	Mo	Ag	Cu
$P_W(v{=}0)$ in W	23	94	98	136	330	352	378

Tabelle 7.4: Wärmeleitungsverluste an der Schwelle für Schmelzschnitte nach Gleichung (7.1), Werkstückdicke d = 1 mm, Schnittspaltbreite b = 0,2 mm.

Bis auf einen Wechsel bei Eisen und Magnesium, deren Wärmeleitungsverluste bei einer Geschwindigkeit nahe Null bis auf 4 % gleich sind, stimmen die Reihenfolgen der nach (7.1) errechneten Wärmeleitungsverluste $P_W(v{=}0)$ und der Schwelleistungen P_{LS} in den Experimenten überein. Der Einfluß des Absorptionsgrads wird von den Unterschieden in den Wärmeleitungsverlusten überwogen.

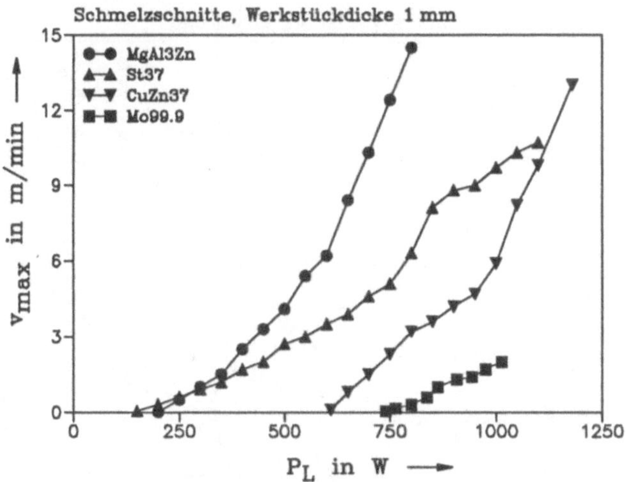

Bild 7.18: Maximale Schneidgeschwindigkeit v_{max} als Funktion der Laserleistung P_L bei Schmelz-schnitten an verschiedenen Materialien der Stärke 1 mm.

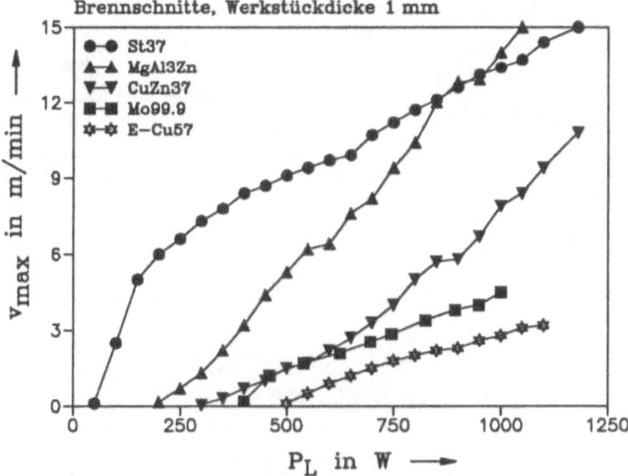

Bild 7.19: Maximale Schneidgeschwindigkeit v_{max} als Funktion der Laserleistung P_L bei Brennschnitten an verschiedenen Materialien der Stärke 1 mm.

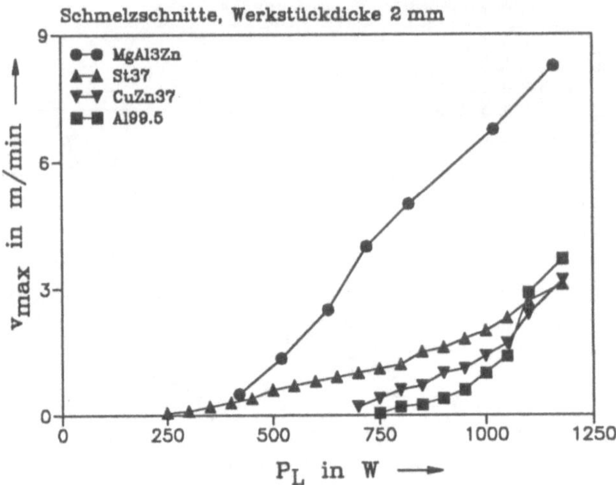

Bild 7.20: Maximale Schneidgeschwindigkeit v_{max} als Funktion der Laserleistung P_L bei Schmelzschnitten an verschiedenen Materialien der Stärke 2 mm.

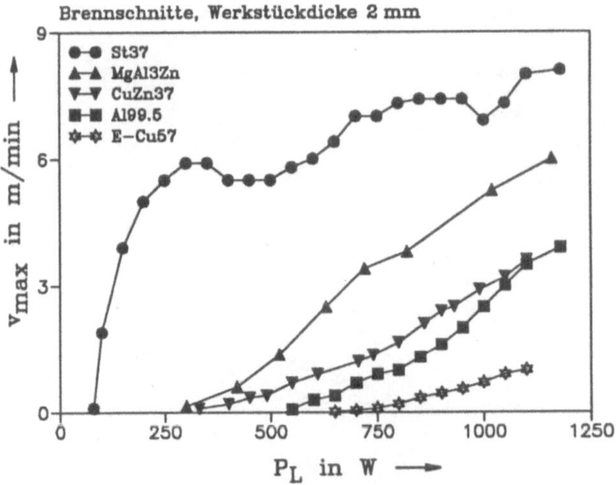

Bild 7.21: Maximale Schneidgeschwindigkeit v_{max} als Funktion der Laserleistung P_L bei Brennschnitten an verschiedenen Materialien der Stärke 2 mm.

Da die $v_{max}(P_L)$-Kurve eines Schneidexperiments neben dem Einkoppelgrad des Werkstoffs sowohl durch die Schwelleistung P_{LS} als auch durch den Leistungsbedarf zum Erzeugen der Schnittfuge bestimmt wird, kann eine Kurve mit niedriger Schwelleistung von einer anderen, die eine zwar höhere Schwelle, aber größere Steigung aufweist, geschnitten werden. Das heißt, daß ein Material mit hoher Schwelleistung, die durch eine große Wärmeleitfähigkeit oder eine hohe Schmelztemperatur verursacht wird, aber geringen Energiebedarfs zum Erstellen der Fuge, also kleiner Dichte, Wärmekapazität und Schmelzenthalpie, mit ausreichender Leistung schneller geschnitten werden kann als ein Material geringerer Wärmeleitungsverluste aber größeren Energiebedarfs zum Erwärmen und Aufschmelzen der Fuge. Als Beispiel hierfür kann Silber gelten, wie Bild 7.22 zeigt.

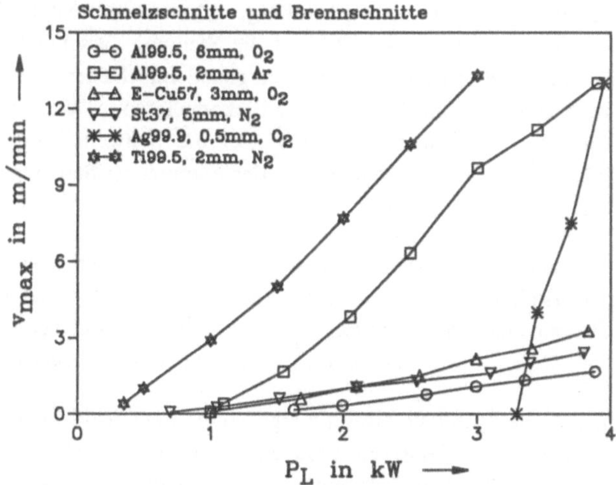

Bild 7.22: Maximale Schneidgeschwindigkeiten v_{max} als Funktion der Laserleistung P_L bei Schmelz- und Brennschnitten mit dem 5 kW-Laser.

Bild 7.22 stellt Schnitte mit dem 5 kW-Laser an unterschiedlichen Materialien und Werkstückdicken zusammen. Um Silber der Stärke 0,5 mm trennen zu können, muß eine Schwelle von 3300 Watt überwunden werden. Da jedoch der Energieverbrauch zum Schneiden von Silber nach Gleichung (7.3) vergleichsweise gering ist, steigt die $v_{max}(P_L)$-Kurve mit zunehmender Laserleistung verglichen mit anderen Werkstoffen sehr schnell an.

Die Eignung eines Materials zum Lasertrennen kann somit nicht durch seine Schwelleistung alleine klassifiziert werden.

Es fällt auf, daß Kupfer mit dem 1,5 kW-Laser nur mit Sauerstoff zu trennen ist. Die geringe Absorption verbunden mit den hohen Wärmeleitungsverlusten macht es erst mit dem 5 kW-Laser möglich, Kupfer ohne Sauerstoff zu trennen.

Die obigen Untersuchungen zeigen, daß mit genügend hoher Laserleistung jede Schwellleistung überwunden werden kann und damit alle Metalle trennbar sind.

8 Die reduzierte Darstellung

In Kapitel 7 wird deutlich, daß die maximal erreichbare Schneidgeschwindigkeit v_{max} als Funktion der im Werkstück eingekoppelten Laserleistung $E_s \cdot P_L$ neben den werkstoffspezifischen Größen durch die Dicke des Werkstücks d und die sich im Prozeß einstellende Schnittspaltbreite b, die in der Größenordnung des jeweiligen Fokusdurchmessers des Schneidlasers liegt, bestimmt wird. Die $v_{max}(P_L)$-Kurve wird charakterisiert durch die Schwelleistung P_{LS} und die Steigung ihres geraden Teilbereichs. Da die Bestimmung des Einkoppelgrades eines Werkstoffs bei maximaler Schneidgeschwindigkeit auf Grund des komplexen Zusammenspiels aus Laserstrahl, Schneidgasstrahl und Werkstoffeigenschaften auf analytischem Weg in der Praxis nur schwer möglich ist, können P_{LS} und die Steigung ausschließlich experimentell bestimmt werden. Dies wird in Kapitel 7 durch Vergleich verschiedener Schneidexperimente an einem Werkstoff, unter der Annahme, daß der Einkoppelgrad im untersuchten Werkstückdickenbereich konstant sei, versucht. Während aber die Schwelleistung durch die Gleichung (7.1) grob angenähert werden kann, ist die Bestimmung der Steigung aus den Meßkurven nicht möglich.

In diesem Kapitel soll eine Betrachtung der zum Erstellen einer Schnittfuge benötigten Energie zu einer Darstellung des Schneidprozesses führen, die aufbauend auf einer *einzigen* Versuchsreihe die maximale Schneidgeschwindigkeit als Funktion der Laserleistung, der Leistungsklasse des Lasers, des Schneidgases und der Dicke des Werkstücks beschreibt.

Zusammen mit der Schneidgeschwindigkeit v ergeben die Schnittspaltbreite b und die Werkstückdicke d das pro Zeiteinheit entfernte Volumen. Nach Simon et al. und Petring et al. sind die Energieanteile zum Erwärmen, Aufschmelzen und Überhitzen des Fugenmaterials linear abhängig von der Materialstärke und der Schnittspaltbreite. Unter der Annahme, daß auch die Wärmeleitungsverluste linear abhängig von der Werkstückdicke d und unabhängig von der Spaltbreite b seien, gelte $P_W(b,d) = d \cdot P_{W,c}$. Dann kann die Gleichung (7.3) modifiziert werden zu

$$v \cdot b = -\frac{P_{W,c}}{Z} + E_s \cdot \frac{P_L}{d \cdot Z} \tag{8.1}$$

mit wie bisher

$$Z = \varrho \cdot c \cdot (T_P - T_0) + \varrho \cdot h_s \quad . \tag{7.4}$$

Die bezüglich b und d reduzierte Gleichung (8.1) als Funktion $v \cdot b = f(P_L / d)$ entspricht einer Geradengleichung mit einer Steigung, die proportional zum Einkoppelgrad E_s der Schnittfront und umgekehrt proportional zu Z ist. Die Verschiebung aus dem Nullpunkt des Koordinatensystems wird wiederum durch die Wärmeleitungsverluste bedingt. Gleichung (8.1) stellt die pro Zeiteinheit durch einen Schmelzschnitt erzielbare Fuge als Funktion der auf die Materialstärke normierten Laserleistung dar /33, 68/.

In Bild 8.1 wird diese Darstellung am Beispiel von Schmelzschnitten an Baustahl mit dem 1,5 kW- und dem 5 kW-Laser erprobt. Die einzelnen Meßpunkte liegen auf einer Geraden, was zeigt, daß die Energie zum Erstellen der Fuge für alle Versuche annähernd gleich ist.

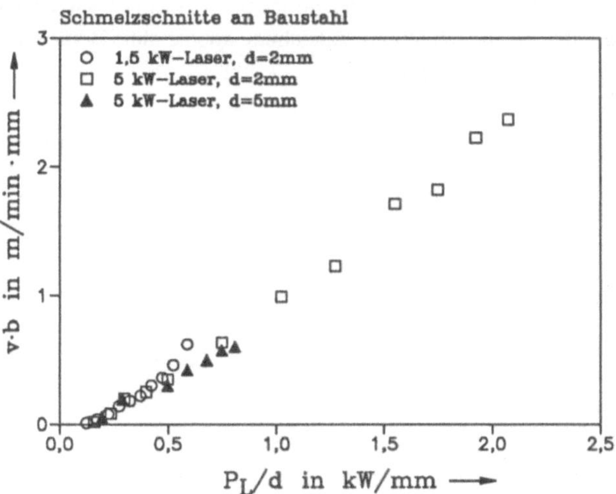

Bild 8.1: Die reduzierte Darstellung $v \cdot b = f(P_L / d)$ am Beispiel von Baustahl-Schmelzschnitten.

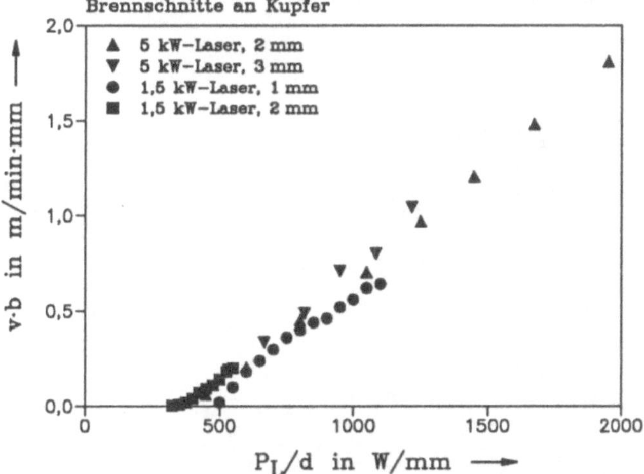

Bild 8.2: Die reduzierte Darstellung $v \cdot b = f(P_L / d)$ am Beispiel von Kupfer-Brennschnitten.

Während auch Schneidergebnisse aus Brennschnitten an Kupfer durch diese Darstellung in einer Kurve zusammengefaßt werden können, siehe Bild 8.2, ist das bei Schmelzschnitten und Brennschnitten an Aluminium nicht möglich (Bild 8.3, Bild 8.4). Dies macht die Möglichkeiten und Grenzen der Darstellung deutlich. Der Schneidprozeß von Aluminium, einem

Metall, dessen hohe Viskosität einen Schmelzaustrieb mit Hochdruckschneidanlagen erfordert /34/, kann nicht durch eine einfache Energiegleichung alleine ohne Berücksichtigung der Austriebsmechanismen beschrieben werden.

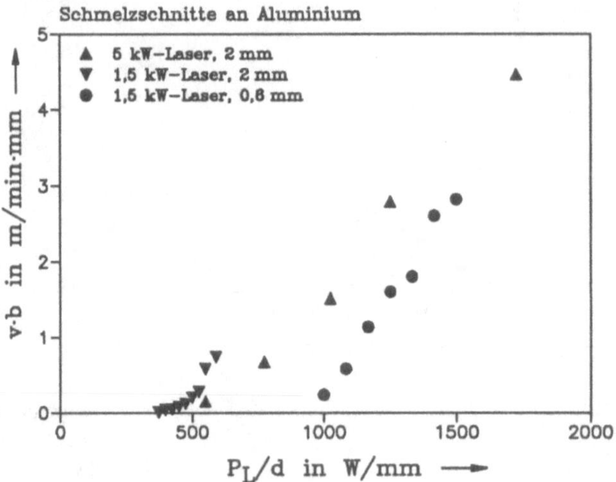

Bild 8.3: Die reduzierte Darstellung $v \cdot b = f(P_L/d)$ am Beispiel von Aluminium-Schmelzschnitten.

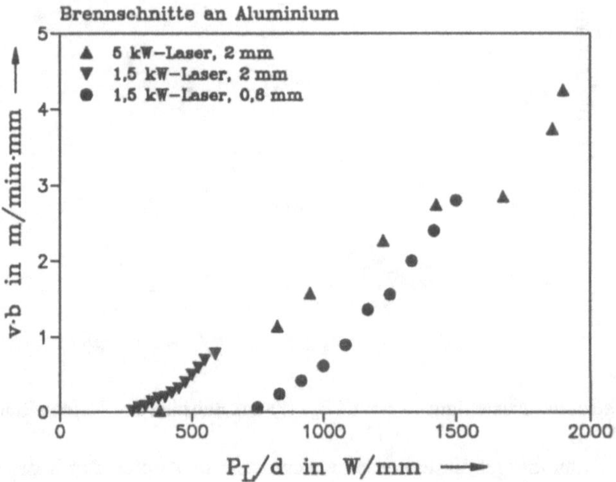

Bild 8.4: Die reduzierte Darstellung $v \cdot b = f(P_L/d)$ am Beispiel von Aluminium-Brennschnitten.

Experimentelle Ergebnisse können in der Darstellung $v \cdot b = f(P_L / d)$ zusammengefaßt werden, wenn die Wärmeleitungsverluste im Rahmen der Genauigkeit, die verlangt wird, als linear abhängig von der Werkstückdicke und unabhängig von der Schnittspaltbreite angesehen werden können. Die Einkopplung sollte gleich sein bei Werkstücken unterschiedlicher Materialstärke und ebenso sollten die Austriebskräfte in der Lage sein, unabhängig von der jeweiligen Materialstärke, die Schmelze auszutreiben. Bei Brennschnitten können Schneidergebnisse dann durch die reduzierte Darstellung vereinheitlicht werden, wenn der Beitrag des Sauerstoffs in allen Versuchen in der gleichen Art eingeht.

Sind diese Forderungen erfüllt, können Schneidversuche mit Lasern unterschiedlicher Leistungsklassen in einem Graphen zusammengestellt werden. Die Darstellung der Schneidgeschwindigkeit mal Schnittspaltbreite als Funktion der auf die Werkstückdicke normierten Laserleistung bietet dann die Möglichkeit zur Skalierung.

So kann abgeschätzt werden, wie schnell Werkstücke anderer Stärke vom gleichen Laser getrennt werden könnten. Oder es kann unter Kenntnis der Fokussierbarkeit eines neu zu beschaffenden Lasers auf die erreichbaren Schneidgeschwindigkeiten geschlossen werden. Es kann erwogen werden, ob ein Laser einer bestimmten Ausgangsleistung und Fokussierung finanziell tragbar ist. Und es kann auch die Schwelleistung für eine interessierende Werkstückdicke bestimmt werden, ohne einen Laser der entsprechenden Leistungsklasse hierzu zur Verfügung zu haben.

Die $v \cdot b = f(P_L / d)$-Darstellung macht auch deutlich, wie Schneidergebnisse von der Laseranlage unabhängig betrachtet werden können. Damit sind Schneidexperimente anderer Anwender einzuordnen.

9 Vergleich des Einsatzes instabiler und stabiler Resonatoren

Wie die Darstellung der Schneidgeschwindigkeit multipliziert mit der Schnittspaltbreite als Funktion der auf die Werkstückdicke normierten Laserleistung in Kapitel 8 verdeutlicht, kann um so schneller getrennt werden, je kleiner die Schnittspaltbreite ist oder je mehr Laserleistung am Werkstück zur Verfügung steht. Eine Verkleinerung der Spaltbreite kann durch eine Reduzierung des Fokusdurchmessers des Laserstrahls erreicht werden, solange der Austrieb gewährleistet werden kann. Die Verkleinerung der Fugenbreite ist allerdings keine Alternative zur Vergrößerung der Laserleistung, wenn Werkstücke hoher Schwelleistung, bedingt zum Beispiel durch einen hohen Reflexionsgrad, eine hohe Schmelztemperatur oder auch eine entsprechende Materialstärke, getrennt werden sollen.

Wie Kapitel 2.3 darstellt, ist ein instabiles Resonatorkonzept erforderlich, um einen Laser hoher Ausgangsleistung bei gleichzeitig guter Fokussierbarkeit zu erstellen. In diesem Kapitel soll untersucht werden, wie mit einem Laser mit instabilem Resonator getrennt werden kann und ob damit der Weg zum Trennen mit höchsten Leistungen frei ist.

Um die maximal erreichbare Schneidgeschwindigkeit als Funktion der Laserleistung bestimmen zu können, wird zuerst in der gleichen Art wie bei den Experimenten mit den Lasern mit stabilem Resonator die optimale Fokuslage und der optimale Gasdruck ermittelt. Das Düsenkonzept wird beibehalten, um eine Vergleichbarkeit mit den Experimenten mit stabilem Resonator gewährleisten zu können.

9.1 Vergleich der Schneidergebnisse bei Lasern mit stabilem und instabilem Resonator

In Bild 9.1 werden Ergebnisse aus Baustahlschmelzschnitten mit dem Laser mit instabilem Resonator in die reduzierte Darstellung von Bild 8.1 integriert. Es wird deutlich, daß mit Lasern mit instabilem Resonator in der gleichen Art getrennt werden kann wie mit Lasern mit stabilem Resonator /18/. Auch bei diesen Experimenten zeigt eine Vermessung der entstehenden Schnittfugenbreiten, daß diese in der gleichen Größenordnung liegen wie der Fokusdurchmesser des Schneidlaserstrahls. Um eine Fokussierbarkeit entsprechend der stabiler Resonatoren von zum Trennen eingesetzten Lasern zu erreichen, sollte der instabile Resonator mit einer Magnifikation $M \geq 3$ aufgebaut werden, siehe Bild 2.10. Auch in Bild 5.2 wird deutlich, daß der instabile Resonator mit $M = 3$, mit dem die Experimente dieses Kapitels durchgeführt wurden, eine vergleichbare Strahltaille wie die beiden stabilen Resonatoren erzeugt.

In Bild 9.2 werden absolute Schneidgeschwindigkeiten als Funktion der Laserleistung an Baustahlschmelzschnitten mit dem 5 kW-Laser und dem 4 kW-Laser$_{instabil}$ gegenübergestellt. Beide Resonatorkonzepte führen zu ähnlich großen maximalen Trenngeschwindigkeiten.

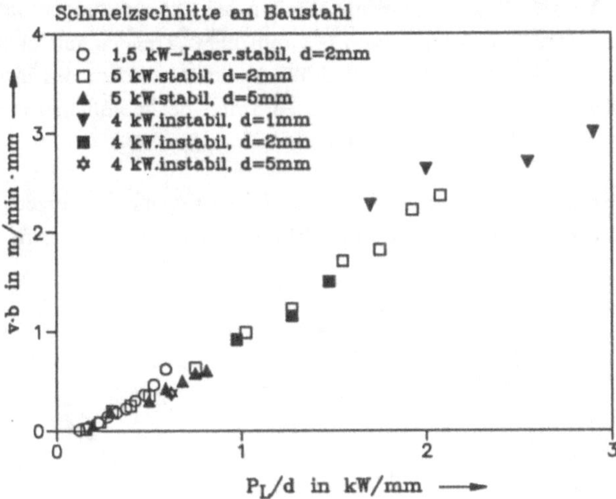

Bild 9.1: Die reduzierte Darstellung $v \cdot b = f \, (\, P_L \, / \, d \,)$ an Baustahl-Schmelzschnitten.

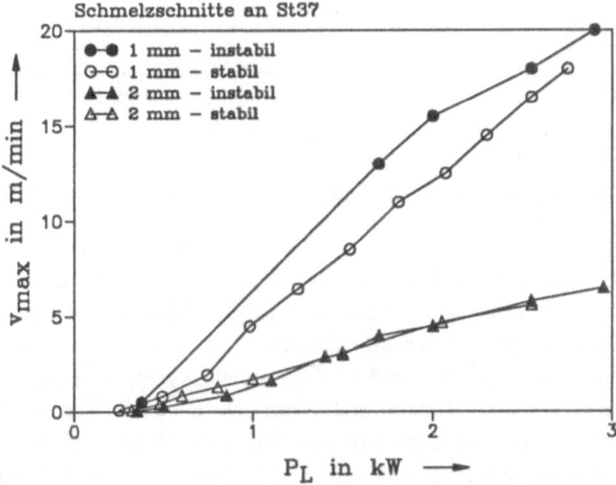

Bild 9.2: Vergleich der Maximalgeschwindigkeiten bei Schmelzschnitten an Baustahl zwischen dem stabilen und dem instabilen Resonatorkonzept.

Bei Brennschnitten an Molybdän der Stärke 0,5 mm, Bild 9.3, wird eine Besonderheit des instabilen Resonators deutlich. Es werden mit dem Strahlprofil des instabilen Resonators eine kleinere Schwelleistung und größere Trenngeschwindigkeiten erreicht als mit dem Strahlprofil des stabilen. Ein Vergleich der Schnittfugenbreiten bei Laserleistungen nahe der jeweiligen Schwelleistung zeigt eine Spaltbreite von 0,2 mm beim Trennen mit dem Strahlprofil des stabilen Resonators gegenüber 0,08 mm beim Schneiden mit dem des instabilen. Dies entspricht im Fokus dem Durchmesser der zentralen Spitze der räumlichen Intensitätsverteilung des instabilen Resonators, vergleiche Bild 5.1.

Bei Brennschnitten an Baustahl dagegen werden Schnittfugenbreiten erzeugt, die zeigen, daß auch die äußeren Beugungsringe der Fernfeldintensitätsverteilung zum Trennen genutzt werden.

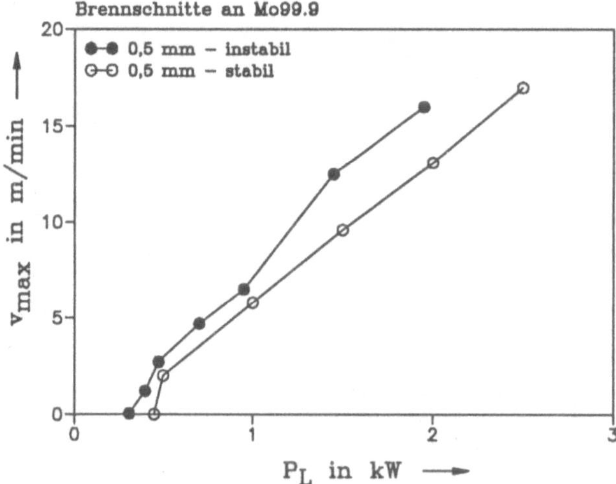

Bild 9.3: Vergleich der Maximalgeschwindigkeiten bei Brennschnitten an Molybdän zwischen dem stabilen und dem instabilen Resonatorkonzept.

Molybdän als hochschmelzendes Material, das unter Einwirkung eines Laserstrahls selbständig abbrennen kann, vergleiche Kapitel 7.1.2, wird im Bereich kleiner Laserleistungen nur von der intensiven Spitze aufgeschmolzen, die zusätzlich die Sauerstoffreaktion zündet. Durch die auf eine kleinere Fläche konzentrierte Aufheizung reicht weniger Energie aus, um den Prozeß zu starten, als beim Trennen mit dem Strahlprofil des stabilen Resonators benötigt wird; die Schwelleistung ist geringer. Auch bei Laserleistungen, die größer sind als die Schwelleistung, ist die konzentrierte Energieeinbringung durch die Spitze von Vorteil. Beim Brennschneiden von Baustahl dagegen werden auf Grund der dem ganzen Durchmesser des fokussierten Laserstrahls entsprechenden Schnittspaltbreiten keine Geschwindigkeitssteigerungen durch das Trennen mit Lasern mit instabilem Resonator im Vergleich zu dem mit stabilem erreicht.

Das Trennen von Molybdän zeigt, daß bei hochschmelzenden Materialien die Intensitätsverteilung eines instabilen Resonators besonders genutzt werden kann.

9.2   Dickblechschneiden mit Lasern mit instabilem Resonator

Da es das Konzept des instabilen Resonators erlaubt, Laser ausreichender Strahlqualität bei höheren Ausgangsleistungen aufzubauen, soll seine Eignung beim Dickblechschneiden, das hohe Leistungen voraussetzt, demonstriert werden. Wie auch beim Trennen mit Lasern mit stabilen Resonatoren sollte zum Trennen von Dickblech unter einer größeren F-Zahl fokussiert werden als bei dünneren Werkstücken, da eine weniger schlanke Strahltaille mit größerem Fokusdurchmesser den Austrieb erleichtert /31/. Als geeignete Bearbeitungsoptik für die Dickblechschnitte steht eine Schneidoptik mit einer Schnittweite von 300 mm zur Verfügung, siehe Kapitel 5.2.1.

Bild 9.4 stellt erreichbare Schneidgeschwindigkeiten für Brennschnitte an Baustahl und Schmelzschnitte an Baustahl und Edelstahl in den Dicken 5 mm bis 40 mm bei 3000 W Laserleistung zusammen. Das instabile Intensitätsprofil kann also auch zum Dickblechschneiden erfolgreich eingesetzt werden.

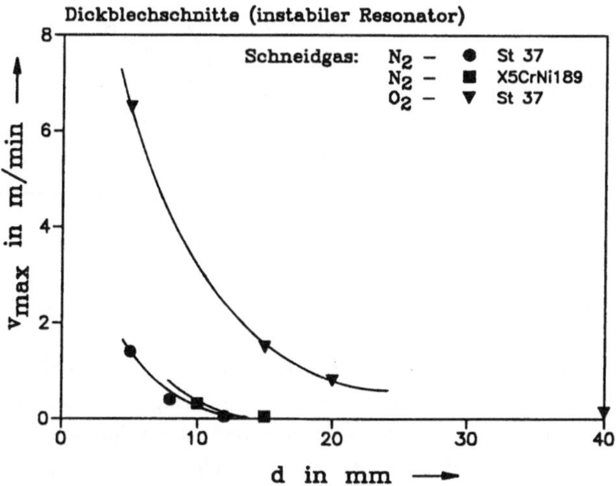

Bild 9.4: Dickblechschnitte an Baustahl und Edelstahl mit dem Laser mit instabilem Resonator.

9.3   Einfluß des Nahfeldrings auf das Trennen

Wie in Kapitel 5.1 gezeigt wird, entsteht bei einer Laserstrahlfokussierung in einer durch die Abbildung festgelegten Entfernung vom Fokus das aus dem Resonator ausgekoppelte Nahfeld wieder. Bei der Intensitätsverteilung eines instabilen Resonators besitzt das Nahfeld eine Ringstruktur. Der Einfluß dieser spezifischen Intensitätsverteilung auf das Laserschneiden soll im folgenden untersucht werden.

Durch den in dieser Arbeit gewählten experimentellen Aufbau können zwei unterschiedliche Abbildungen realisiert werden. Bei der Fokussierung des frei laufenden Strahls tritt der Nahfeldring 4 mm hinter dem Fokus wieder auf. Bei einer Bündelung mit der in Kapitel 5.1 beschriebenen Zwischenabbildung wird dies auf 14 mm verschoben. Damit der Nahfeldring einmal innerhalb der Werkstückdicke und einmal außerhalb entstehen kann, wird ein Baustahlblech der Stärke 5 mm getrennt, wobei der Fokus des Laserstrahls auf der Werkstückoberseite liegt. Bild 9.5 vergleicht die maximal erreichbaren Schneidgeschwindigkeiten unter beiden Abbildungen.

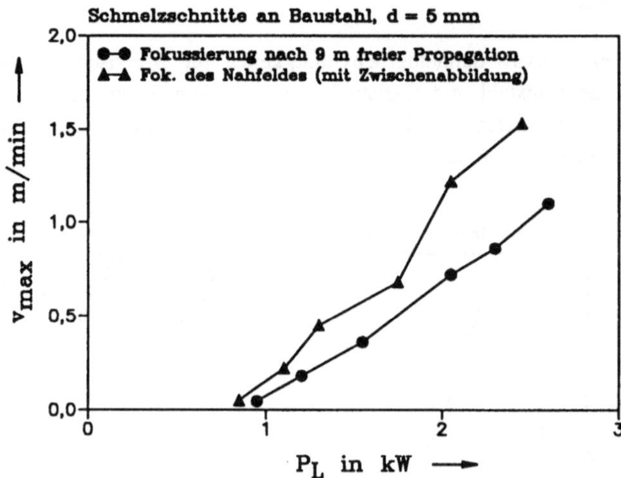

Bild 9.5: Einfluß der Zwischenabbildung, Erklärungen im Text, auf $v_{max}(P_L)$.

Wie Bild 9.5 zeigt, sind mit der Fokussierung nach einer Zwischenabbildung, die den Nahfeldring unter das Werkstück legt, die Schwelleistung geringer und die maximale Trenngeschwindigkeit deutlich höher. Unter der Annahme, daß auch während des Schneidprozesses der Nahfeldring wie bei ungestörter Propagation entsteht, demonstrieren die Versuche, daß eine ringförmige Intensitätsstruktur im unteren Werkstückbereich zu geringeren Schneidgeschwindigkeiten führt. Dies zeigt, daß die Ringstruktur das Aufschmelzen der Schnittfuge im unteren Bereich erschwert, der nach Miyamoto und Maruo /52/ beim Laserstrahlschneiden ohnehin weniger erwärmt wird und deshalb schwieriger auszutreiben ist.

Damit empfiehlt sich für kritische Trennaufgaben im Dickblechbereich eine zusätzliche Abbildung, die den wieder auftretenden Nahfeldring vom Werkstück "wegschiebt". Diese optische Transformation bewirkt allerdings einen Zwischenfokus im Strahlführungssystem und erfordert eine zusätzliche Strahlformung. Da die Zwischenabbildung das Nahfeld auf eine feste Ebene im Raum projiziert, wo dann die Bearbeitungsoptik stehen sollte, wirkt sie einer flexiblen Strahlführung in Form von fliegenden Optiken oder Umschaltungen des Laserstrahls zwischen verschiedenen Bearbeitungsstationen entgegen. Es muß im speziellen Anwendungsfall abgewogen werden, ob die Verbesserung der Schneidergebnisse den zusätzlichen Aufwand und sich ergebende räumliche Einschränkungen rechtfertigt. Andererseits ist über die Zwischenabbildung ein weiterer Parameter verfügbar, der zur besseren Adaption der Strahleigenschaften an eine Bearbeitungsaufgabe eingesetzt werden kann.

10 Tiefergehende Betrachtung des Schneidprozesses

Wie in den vorhergehenden Kapiteln deutlich wird, muß eine durchgehende Schnittfuge gebildet werden, um ein Material zu trennen. Sie entsteht aus dem Zusammenwirken der vom Werkstück absorbierten Energie des Laserstrahls mit den Austriebskräften des Gasstrahls bei einer Relativbewegung zwischen ihnen und dem Werkstück. Während in dem untersuchten Werkstückspektrum der Schmelzaustrieb mit dem gewählten Düsenkonzept gewährleistet werden kann, zeigt die reduzierte Darstellung in Kapitel 8, daß neben den materialspezifischen, thermodynamischen Größen der *Einkoppelgrad* und die *Schnittfugenbreite* prozeßbestimmend sind.

Wie in Kapitel 3 gezeigt wird, stellen Petring /8, 82, 83/ und Simon /81/ jeweils eine Energiebilanz vor, an Hand derer der minimale Einkoppelgrad der Schnittfront bestimmt wird, der einen Schnitt gewünschter Schneidgeschwindigkeit energetisch ermöglicht. Die entstehende Schnittspaltbreite geben sie als konstant, unabhängig von der Schneidgeschwindigkeit, vor. Schulz und Becker /46, 85/ zeigen dagegen durch rechnerische Analyse bei zwischen Null und v_{max} variierender Trenngeschwindigkeit, daß die Schnittspaltbreite durch dynamische Vorgänge während des Schneidprozesses bestimmt wird.

Nachdem in Kapitel 2 mittels der Fresnelgleichungen das *Prinzip* beschrieben wird, wie Metalle die 10,6 µm-Strahlung des CO_2-Lasers absorbieren, sollen in diesem Kapitel die Einkopplung *während* des Schneidprozesses und die sich *einstellenden* Schnittspaltbreiten untersucht werden. Eine Vertiefung des Prozeßverständnisses erleichtern die Ergebnisse dieser Untersuchungen bei Vergrößerung der Trenngeschwindigkeit von minimalen bis maximal möglichen Werten unter fester Laserleistung. Die Versuche werden mit dem 1,5 kW-Laser bei 1000 Watt durchgeführt.

10.1 Die Einkopplung der Laserleistung während des Trennens

Beim Betrachten des Laserschneidens sind zwei Bereiche zu unterscheiden. Beim räumlichen und zeitlichen Beginn eines Schnittes muß zuerst die Schnittfuge mit der Schnittfront aus dem unversehrten, kalten Blech herausgebildet werden. Sobald längs der sich verschiebenden Schnittfront ein Energiegleichgewicht besteht, kann der Prozeß als stationär betrachtet werden. Da das Einschneiden vom Rand aus oder mitten ins Werkstück, dann "Einstechen" genannt, eine zusätzliche Schwierigkeit darstellt, die in der Fertigung zwar wichtig ist, aber nicht dem grundsätzlichen Verständnis weiterhilft, soll hier ausschließlich der thermisch stationäre Vorgang betrachtet werden. (Das Einschneiden wird im Rampenbetrieb optimiert, und zum Einstechen wird mit gepulster Laserstrahlung gearbeitet /55, 56/.)

Wie Bild 2.3 zeigt, wird für eine erste Betrachtung des Auftreffens des Laserstrahls auf das zu schneidende Material ein Vorlauf des Strahls auf das noch nicht getrennte Werkstück gemeinsam mit einer Bestrahlung der Schnittfront angenommen. Bild 10.1 verdeutlicht die vom Werkstück reflektierten und absorbierten Anteile des Laserstrahls der Leistung P_L und, zusätzlich zu Bild 2.3, einen Anteil des Laserstrahls P_N, der an der Schnittfront vorbeiläuft.

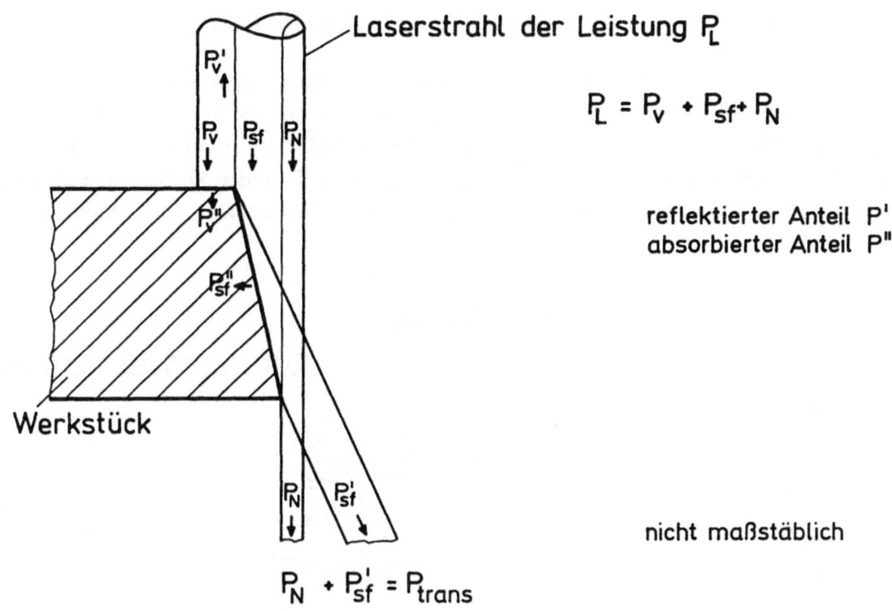

Bild 10.1: Aufspaltung der Laserstrahlung an Schnittfront und Werkstückoberseite.

Der Teil P_v des Strahls, der auf das Werkstück vorläuft und hier unter 0° einfällt, wird zu einem Großteil zurückreflektiert, P_v', und kann nach dem Prinzip gekoppelter Resonatoren zu Leistungsschwankungen im Resonator führen. Bei den Schneidexperimenten dieser Arbeit ist deren Stärke in der Größenordnung der Fluktuationen des ungestörten Resonators. Der Strahlanteil P_{sf}, der auf die Schnittfuge fällt, wird abhängig von Einfallswinkel und Polarisationsart zum Teil absorbiert, P_{sf}'', und zum Teil reflektiert, P_{sf}'. Der an der Schnittfront reflektierte Anteil läuft vom Laser weg zur Werkstückunterseite hin, siehe Bild 10.1. Eine Reflexion in Richtung Werkstückoberseite würde bei einer Neigung der Schnittfront zur Werkstückoberseite von 45° oder weniger geschehen, was der Erfahrung widerspricht. Der Teil des Laserstrahls P_N, der nicht mehr auf die Schnittfront fällt, verläuft gerade weiter. Zusammen mit dem an der Front reflektierten Anteil soll er als transmittierte Laserleistung P_{trans} bezeichnet werden.

Untersuchungen der transmittierten Laserleistung, der Ablenkwinkel, unter denen sie auftritt, und ihrer topologischen Form sollen das Verständnis der Einkopplung vergrößern. Die Versuche werden während Schmelz- und Brennschnitten an Baustahl, Aluminium und Kupfer in den Stärken 2 mm und 5 mm durchgeführt. Dabei werden zirkular (σ) und linear parallel ($\parallel$) und senkrecht ($\perp$) zur Schneidrichtung polarisierte Laserstrahlungen verglichen.

10.1.1 Die Reflexion der Laserstrahlung an der Schnittfront

Vor und während des Laserschneidens werden Plexiglaseinbrände vom frei laufenden und vom an der Schnittfront reflektierten Laserstrahl gemacht. Da Polymethylmethacrylat, PMMA, kein lineares Verhalten unter CO_2-Bestrahlung aufweist /93/, kann so zwar die transmittierte Laserleistung nicht gemessen werden, aber aus Position und Form der Abtragungen im Plexiglas können Rückschlüsse auf die Reflexion während des Prozesses an der Schnittfront gezogen werden.

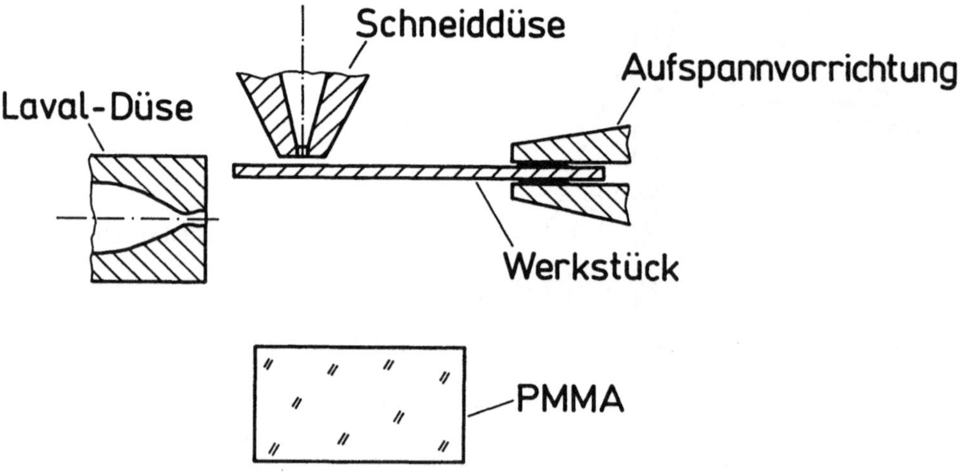

Bild 10.2: Versuchsaufbau zur Messung des Ablenkwinkels und der topologischen Form des transmittierten Laserstrahls.

Bild 10.2 zeigt den prinzipiellen Aufbau für die Erstellung der Plexiglaseinbrände. Vor Beginn des zu untersuchenden Schneidexperiments fällt der Laserstrahl ungehindert auf die PMMA-Probe, wo er einen Einbrand hinterläßt, der als Referenz dienen kann. Während des Schneidexperimentes selbst bildet der an der Schnittfront reflektierte Laserstrahl einen zweiten Einbrand im Plexiglas aus. Durch eine Querjet-Lavaldüse wird der beim Schneiden entstehende Schmelz- und Schlackeflug vom Plexiglas weggeblasen, so daß die beiden Einbrände unverfälscht ausgewertet werden können. Die Form des zweiten Einbrandes gibt Hinweise auf Einfach- oder Mehrfachreflexionen an der Schnittfront und mit dem Winkel φ, der zwischen der tiefsten Stelle des Einbrandes und der Werkstückmitte gebildet wird, Bild 10.3, wird der Ablenkwinkel des Laserstrahls bestimmt. Würde der Laserstrahl nicht auf Höhe der Werkstückmitte, sondern am oberen oder unteren Ende der Schnittfront reflektiert werden, ergäbe sich eine Änderung $\Delta\varphi$ von nur 0,1°.

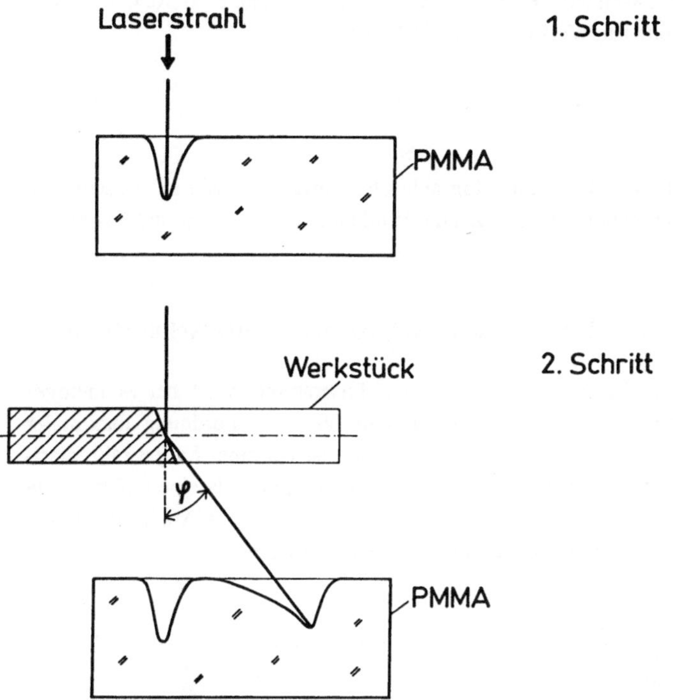

Bild 10.3: Bestimmung des Ablenkwinkels φ aus den Plexiglaseinbränden.

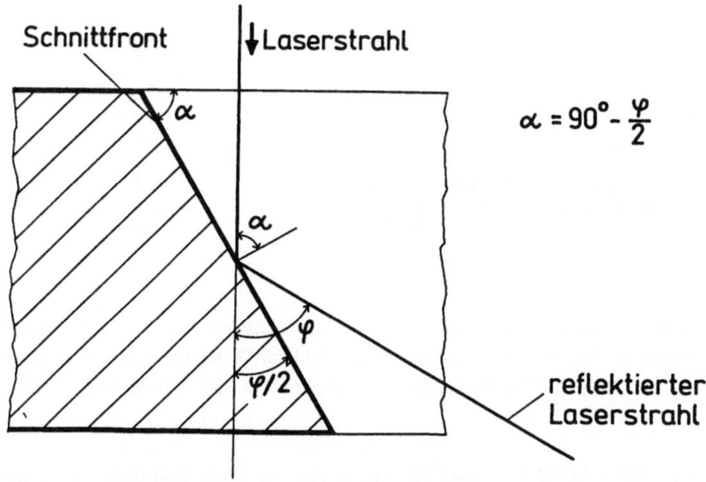

$$\alpha = 90° - \frac{\varphi}{2}$$

Bild 10.4: Winkelverhältnisse an einer als Geraden gedachten Schnittfront.

Unter der Annahme, daß die Schnittfront durch eine Ebene erzeugt wird, bildet sie nach den Reflexionsgesetzen mit dem Laserstrahl einen Winkel von $\varphi/2$, siehe Bild 10.4. Der Neigungswinkel α der Schnittfront zur Werkstückoberfläche ist dann

$$\alpha = 90° - \frac{\varphi}{2} \quad . \tag{10.1}$$

Der reale Schnittfrontverlauf kann durch metallographische Untersuchungen an Einschnitten bestimmt werden und zum Vergleich ebenso für eine Winkelbestimmung von $\varphi/2$ herangezogen werden.

Experimentelle Untersuchung der Laserstrahlreflexionen an der Schnittfront:

Die Untersuchung des an der Schnittfront reflektierten Laserstrahls wird bei Schneidgeschwindigkeiten zwischen nahezu 0 m/min und für eine Versuchsanordnung maximaler Trenngeschwindigkeit durchgeführt. Eine Winkelbestimmung ist bei einer Laserstrahlpolarisation linear parallel und linear senkrecht zur Schneidrichtung möglich, da eine tiefste Stelle des Einbrandes zu erkennen ist. Bei zirkularer Polarisation dagegen ist das Abbild der transmittierten Intensitätsverteilung für eine exakte Aussage zu verschwommen.

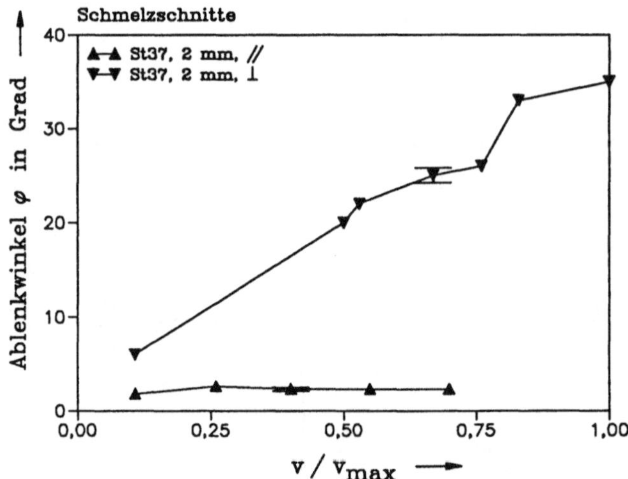

Bild 10.5: Vergleich der Ablenkwinkel φ als Funktion der auf die maximale Schneidgeschwindigkeit normierten Trenngeschwindigkeit bei Schmelzschnitten an Baustahl der Dicke 2 mm bei linear, parallel und senkrecht zur Verfahrrichtung polarisierter Laserstrahlung mit jeweils einem exemplarischen Fehlerbalken.

In Bild 10.5 sind die Ablenkwinkel φ als Funktion der auf die maximale Schneidgeschwindigkeit v_{max} bezogenen Trenngeschwindigkeit v beispielhaft für Schmelzschnitte an Baustahl der

Stärke 2 mm im Vergleich parallel zu senkrecht zur Verfahrrichtung linear polarisierten Laserlichts dargestellt. Bei jeweils einer beispielhaften Trenngeschwindigkeit werden durch Fehlerbalken die möglichen Unsicherheiten der Winkelbestimmung im Plexiglas für diese Untersuchungen angedeutet.

Hier wird folgendes typisches Verhalten deutlich: Bei paralleler Polarisation betragen die entstehenden Ablenkwinkel zwischen 1,5° und 3,5° ohne eine sichtbare Abhängigkeit von der Geschwindigkeit. Das entspräche Schnittfrontneigungswinkeln α zwischen 89,2° und 88,2°. Die Einbrände sind klein und spiegeln die Strahlintensitätsverteilung wider. Bei senkrechter Polarisation liegen die Winkel φ zwischen 5° und 40°, der Neigungswinkel der Schnittfront α würde damit zwischen 87,5° und 70° variieren. Die Ablenkwinkel nehmen mit wachsender Geschwindigkeit zu. Die Einbrände sind langgestreckt, breit und gleichförmig, dabei tritt bei Aluminium eine Herzform mit nachlaufender Spitze auf.

Bei zirkularer Polarisation kann nur gezeigt werden, daß die Winkel φ kleiner 10° sind, also α größer 85°. Die Einbrände sind groß und ähneln denen der senkrechten Polarisation.

Ein Vergleich mit metallographischen Untersuchungen von entsprechenden Einschnitten zeigt bei paralleler Polarisation eine gerade verlaufende Schnittfront mit Neigungswinkeln α zwischen 89,5° und 88°. Es kann auch bei den metallographischen Untersuchungen kein Einfluß der Schneidgeschwindigkeit auf die Neigung der Schnittfront unter konstanter Laserleistung festgestellt werden. Bei zirkularer und senkrechter Polarisation ist die Schnittfront gekrümmt mit typischen Neigungswinkeln im oberen Werkstückbereich zwischen 89° und 84°. Die metallographische Auswertung der Schnittfronten zeigt, daß die Neigung im oberen Werkstückbereich konstant bleibt, während im unteren Bereich der Auslauf mit zunehmender Schneidgeschwindigkeit flacher wird.

In weiteren metallographischen Untersuchungen werden die Winkel zwischen den Schnittfugenflanken und der Werkstückoberseite, die Flankenwinkel, untersucht. In dem in den Experimenten dieser Arbeit vorwiegend untersuchten Werkstückdickenbereich bis 5 mm kann keine Abhängigkeit von der Polarisationsart des Laserlichts oder anderen Parametern gefunden werden. Die Winkel betragen um 89,5° und liegen damit etwas höher als Nuß und Biermann /17/ angeben.

Ergebnisse der Experimente:

Wie die Fresnelschen Formeln, Kapitel 2, erwarten lassen und wie die oben beschriebenen Experimente zeigen, ist die Reflexion der Laserstrahlung an der Schnittfront abhängig von der Polarisation des Laserlichts. Deshalb sollen im folgenden die Ergebnisse der Experimente für jede der drei untersuchten Polarisationsarten getrennt dargestellt werden.

Polarisation linear, parallel zur Verfahrrichtung //: Durch Einbrände in PMMA kann die an der Schnittfront reflektierte Laserstrahlung, die nicht eingekoppelt wird, während des

Schneidprozesses untersucht werden. Die sich nach diesen Experimenten einstellenden Neigungswinkel α der Schnittfront zur Werkstückoberseite stimmen mit den aus metallographischen Untersuchungen von Einschnitten gewonnenen überein. Aus der Form der Einbrände im Plexiglas, die die räumliche Intensitätsverteilung des Laserstrahls widerspiegeln, kann passend zu den metallographisch ausgewerteten Schnittfronten deren gerader Verlauf über die Werkstückdicke gezeigt werden, der als einfacher Spiegel für den Laserstrahl wirken kann.

Daraus ergibt sich, daß die sich während des Schneidprozesses ausbildende Schnittfront gerade über die Werkstückdicke verläuft, wobei sie in Schneidrichtung unter Neigungswinkeln zwischen 89,5° und 88° zur Werkstückoberseite geneigt ist, an den Schnittflanken unter 89,5°. Im Unterschied zu Emmel et al. /44/ und Miyamoto und Maruo /52/ kann keine Abhängigkeit des Neigungswinkels von der Schneidgeschwindigkeit gezeigt werden.

Polarisation linear, senkrecht zur Verfahrrichtung $\perp$:

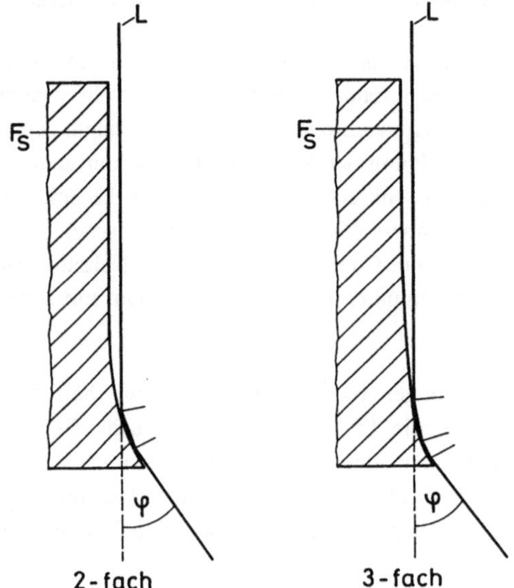

L-Laserstrahl, φ-gemessener Ablenkwinkel, F_S-Schnittfront

Bild 10.6: Mehrfachreflexionen an der Schnittfront.

Die tatsächlichen Ablenkwinkel φ des Laserstrahls, die aus den Einbränden bestimmt werden können, sind um den Faktor 2 bis 3 größer, als der Neigungswinkel der Schnittfront im oberen Werkstückbereich erwarten läßt. Zusammen mit der aus Einschnitten bekannten abgewinkelten Form der Front zeigt dies, daß der Laserstrahl mehrfach entlang der Schnittfront reflektiert wird, wobei bei jeder Reflexion ein Teil auch absorbiert wird. Bild 10.6 verdeutlicht, wie Zweifach- oder Dreifachreflexionen aussehen könnten.

Die großen und gleichförmigen Einbrände im Plexiglas erhärten die Annahme von Mehrfachreflexionen. Die Einbrandbreite und eine Herzform bei hochreflektierendem Aluminium zeigen, daß nicht nur an der Schnittfront, sondern auch an den Schnittfugenflanken reflektiert wird.

Die bei linear, senkrecht zur Verfahrrichtung polarisiertem Laserlicht entstehende Schnittfront ist im oberen Werkstückbereich in Schneidrichtung zwischen 84° und 89° und an den Flanken unter 89,5° geneigt und flacht im unteren Bereich ab. Mit zunehmender Geschwindigkeit wird diese Abflachung immer stärker, wodurch die Ablenkung φ des Laserstrahls größer wird. Infolge der dadurch bedingten zunehmenden Anzahl von Reflexionen nimmt die Strahleinkopplung mit wachsender Verfahrgeschwindigkeit zu.

Zirkulare Polarisation σ: Bei zirkularer Polarisation deuten die unstrukturierten Einbrände auf eine Überlagerung von Einfach- und Mehrfachreflexionen hin. Die Einschnitte zeigen Neigungswinkel um 86,3°, was zu der Aussage der Plexiglaseinbrände, die eine Neigung größer 85° vorhersagen, paßt. Die Laserstrahleinkopplung und -reflexion an der Schnittfront während des Schneidens mit zirkularer Polarisation kann also als eine Überlagerung der Effekte mit linear parallel und linear, senkrecht zur Schneidrichtung polarisiertem Licht verstanden werden.

10.1.2   Die transmittierte Laserleistung

Da die beim Laserschneiden ins Werkstück eingekoppelte Laserleistung nicht direkt erfaßt werden kann, wird statt dessen während Schmelz- und Brennschnitten an Baustahl, Aluminium und Kupfer die transmittierte Laserleistung, siehe Bild 10.1, unterhalb des Werkstücks gemessen. Um ein Maß für die absorbierte Laserleistung zu erhalten, werden die Versuche durch die Darstellung $(1 - P_{trans}/P_L)$ ausgewertet. Dabei gibt $(1 - P_{trans}/P_L)$ den prozentualen Anteil der Laserleistung, der an der Schnittfront absorbiert wird oder auf die Oberfläche des Werkstücks vorläuft, an. Wenn der Laserstrahl während des Schneidens nicht auf das noch nicht getrennte Werkstück vorläuft, also $P_v = 0$ wird, stellt der auf die Laserleistung normierte, nicht transmittierte Anteil der Laserleistung $(1 - P_{trans}/P_L)$ den Einkoppelgrad E_S der Schnittfront dar.

Im Versuchsaufbau zu Bild 10.2 wird an Stelle der Plexiglasprobe ein Handleistungsmeßgerät angebracht. Bei dieser Versuchsanordnung ist es ebenfalls wichtig, den entstehenden Schmelz- und Schlackeflug vom Leistungsmeßgerät wegzublasen, damit das Meßergebnis nicht verfälscht wird.

Beim Trennen mit zirkularer Polarisation ist auf Grund der Überlagerung von Einfach- und Mehrfachreflexionen die transmittierte Laserleistung so breit aufgefächert, daß kein Leistungsmeßgerät zur Verfügung steht, das bei der gewünschten räumlichen Ausdehnung die zu messenden geringen Leistungen auflösen kann. Bei linear, parallel und senkrecht zur Verfahrrichtung polarisierter Laserstrahlung hingegen kann die transmittierte Laserleistung sowohl bei

Schmelz- als auch bei Brennschnitten gemessen werden. Nur im Bereich kleiner Verfahrgeschwindigkeiten ist der ins Werkstück eingekoppelte Leistungsanteil so gering, daß er wegen der Meßungenauigkeiten des Verfahrens nicht aufgelöst werden kann.

Experimentelle Untersuchung der während des Laserschneidens transmittierten Laserleistung:

In den Bildern 10.7 bis 10.9 wird $(1 - P_{trans}/P_L)$ bei typischen Schneidversuchen dargestellt. In Bild 10.7 wird $(1 - P_{trans}/P_L)$ als Funktion der auf die Maximalgeschwindigkeit bezogenen Schneidgeschwindigkeit bei linearer Polarisation, parallel zur Verfahrrichtung, und in Bild 10.8 bei senkrechter gezeigt. In Bild 10.9 wird bei Schmelzschnitten an Baustahl der Stärke 2 mm die nicht transmittierte Laserleistung als Funktion der absoluten Trenngeschwindigkeit für parallel und senkrecht zur Verfahrrichtung polarisierte Laserstrahlung vorgestellt.

Die Graphen von $(1 - P_{trans}/P_L)$ als Funktion der Schneidgeschwindigkeit können als mit wachsender Geschwindigkeit positiv steigende Geraden interpretiert werden. In Bild 10.9 wird deutlich, daß bei Auftragung über der absoluten Geschwindigkeit die $(1 - P_{trans}/P_L)$-Werte für lineare Polarisation, parallel oder senkrecht zur Verfahrrichtung, auf einer Geraden liegen.

Tabelle 10.1 stellt den Anteil der Laserleistung, der bei maximaler Trenngeschwindigkeit absorbiert wird oder auf die Werkstückoberfläche vorläuft, bei den untersuchten Metallen zusammen.

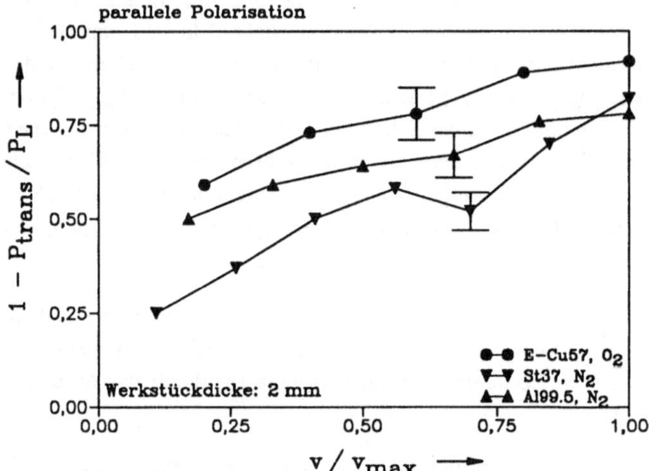

Bild 10.7: Auf die Laserleistung P_L normierter, nicht transmittierter Anteil der Laserleistung $(1 - P_{trans}/P_L)$ als Funktion der auf v_{max} normierten Trenngeschwindigkeit bei linearer Polarisation, parallel zur Verfahrrichtung, mit exemplarischen Fehlerbalken.

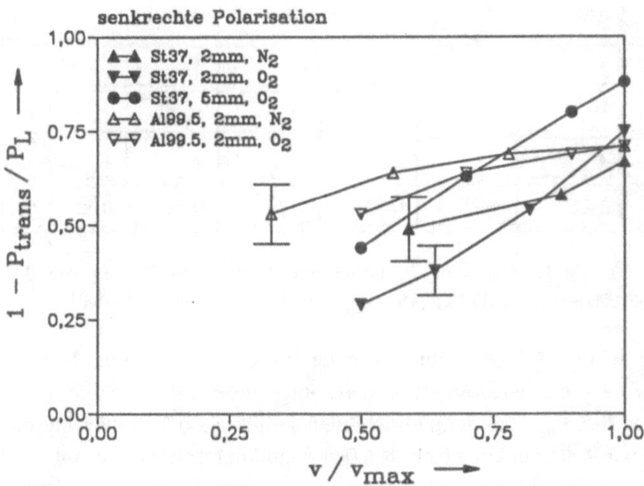

Bild 10.8: Auf die Laserleistung P_L normierter, nicht transmittierter Anteil der Laserleistung $(1 - P_{trans}/P_L)$ als Funktion der auf v_{max} normierten Trenngeschwindigkeit bei linearer Polarisation, senkrecht zur Verfahrrichtung, mit exemplarischen Fehlerbalken.

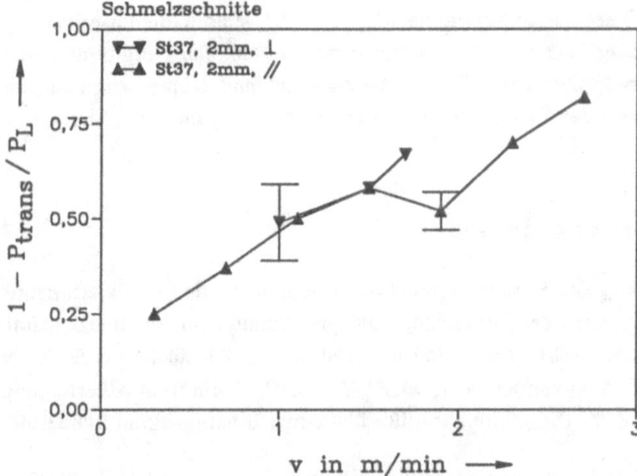

Bild 10.9: Auf die Laserleistung P_L normierter, nicht transmittierter Anteil der Laserleistung $(1 - P_{trans}/P_L)$ als Funktion der absoluten Schneidgeschwindigkeit bei linearer Polarisation, parallel und senkrecht zur Verfahrrichtung, mit exemplarischen Fehlerbalken.

Metall	St37				Al99.5			E-Cu57
Dicke in mm	2			5	2			2
Schneidgas	N_2		O_2	O_2	N_2		O_2	O_2
Polarisation	∥	⊥	⊥	⊥	∥	⊥	⊥	∥
$1 - P_{trans}/P_L$	0,82	0,67	0,75	0,88	0,78	0,71	0,71	0,92

Tabelle 10.1: Auf die Laserleistung P_L normierter, nicht transmittierter Anteil ($1 - P_{trans}/P_L$) der Laserleistung bei Maximalgeschwindigkeit v_{max} aus Bild 10.7 und Bild 10.8.

Die Versuche zeigen, daß bei Schnitten unter linearer Polarisation, senkrecht zur Verfahrrichtung, mehr Leistung transmittiert wird als unter linearer Polarisation, parallel zur Verfahrrichtung. Ebenso ist P_{trans} bei Schmelzschnitten größer als bei Brennschnitten und sie nimmt mit zunehmender Werkstückdicke ab. Bei den Aluminiumschnitten ist die Erhöhung der nicht transmittierten Laserstrahlung beim Einsatz von Sauerstoff nicht so deutlich zu sehen wie bei Baustahl.

Bei einem Laserleistungsangebot von der Größe der Laserschwelleistung kann eine Geschwindigkeit von nahezu 0 m / min als die mögliche Maximalgeschwindigkeit unter dieser Leistung angesehen werden. Demnach gibt das Produkt aus ($1 - P_{trans}/P_L$) für maximale Schneidgeschwindigkeiten, Tabelle 10.1, mit den aus Kapitel 7 bekannten Schwelleistungen die nicht transmittierte Laserleistung an der Schwelle an. Ebenso kann mit in den Bildern 10.7 und 10.8 nach 0 m / min extrapolierten ($1 - P_{trans}/P_L$)-Werten die Laserleistung, unter der diese Versuche durchgeführt wurden, multipliziert werden. Dies ergibt die nicht transmittierte Laserleistung bei nahezu 0 m / min. Bei Baustahl und Kupfer stimmen die so errechneten Werte im Rahmen der Fehlerschranken überein, bei Aluminium gelingt der Vergleich bis auf ±6 %.

Ergebnisse der Experimente:

Unter Betrachtung der Schneidparameter der oben vorgestellten Experimente an Baustahl ergeben Abschätzungen des Einkoppelgrades der Schnittfront für linear, parallel zur Verfahrrichtung polarisiertes Licht nach Petring et al. /8, 82, 83/ höchstens 50 %. Nach Simon /81/ stellt sich ein Einkoppelgrad zwischen 35 % und 40 % ein. Eine Übertragung der Simulation nach Petring auf die Aluminiumschnitte läßt einen Einkoppelgrad kleiner 30 % erwarten.

Diesen Werten stehen nicht transmittierte Laserleistungen von 82 % bei Baustahl und 78 % bei Aluminium (Tabelle 10.1) gegenüber. Da der Anteil des Laserstrahls, der auf die Schnittfront trifft, nach Petring zu höchstens 50 % absorbiert wird und somit zu 50 % reflektiert werden muß und damit zu P_{trans} beiträgt, können die vergleichsweise hohen Werte des nicht transmittierten Laserlichts nur durch einen Vorlauf des Laserstrahls auf das noch nicht getrennte Werkstück erklärt werden.

Durch diese Experimente können mögliche Mechanismen, die die transmittierte Laserleistung während des Schneidens reduzieren könnten, wie zum Beispiel Reflexionen von P_{sf} an der im Gasstrahl bewegten Schmelze in Richtung der Schnittfugenflanken, nicht erfaßt werden. Falls ausschließlich der Vorlauf P_{trans} reduziert, muß er im Extremfall so groß werden, daß bei maximalen Trenngeschwindigkeiten nur Randbereiche des Laserstrahls als P_N, vergleiche Bild 10.1, ungehindert an der Schnittfront vorbeilaufen. Dann liegt abhängig von der Neigung der Schnittfront das Intensitätsmaximum des Laserstrahls auf der Schnittfront auf oder vor der Schnittfront auf dem nicht getrennten Werkstück.

Miyamoto und Maruo /52/ zeigen durch pyrometrische Untersuchungen bei Brennschnitten, daß mit zunehmender Geschwindigkeit die Laserstrahlachse im Verhältnis zur Schnittfront nach vorne läuft. Aber das Maximum des Laserstrahls trifft nach ihren Experimenten immer noch auf die Schnittfront auf, im Unterschied zu den Ergebnissen dieser Arbeit, die einen Vorlauf der Laserstrahlachse auf das noch nicht getrennte Werkstück zulassen.

Die Übereinstimmung des nicht transmittierten Anteils der Schwelleistungen mit den nicht transmittierten Laserleistungen bei niedrigen Schneidgeschwindigkeiten zeigt, daß bei kleinen Geschwindigkeiten der Anteil $(1 - P_{trans}/P_L)$ der Laserleistung im Bereich der Schnittfront absorbiert und vollständig zum Trennen benutzt wird. Der Vorlauf des Laserstrahls auf das nicht getrennte Werkstück ist minimal. Mit wachsender Trenngeschwindigkeit wird der Vorlauf des Laserstrahls größer, bis bei Maximalgeschwindigkeit die zur Verfügung stehende Laserleistung vollständig zum Schneiden und für den zum Trennen energetisch ungünstigen senkrechten Einfall auf die Oberfläche des Werkstücks benutzt wird. Durch diese Beschränkung der einkoppelbaren Laserleistung wird gemeinsam mit den begrenzten Austriebskräften die maximale Schneidgeschwindigkeit bedingt.

Wie die Versuche zeigen, wird bei linearer Polarisation, senkrecht zur Schneidrichtung, weniger Laserlicht absorbiert als bei parallel ausgerichteter. Dies erklärt die geringeren Schneidgeschwindigkeiten im Vergleich zur parallelen Polarisation. Die Versuche zeigen auch, daß mit zunehmender Werkstückdicke die Absorption ebenfalls zunimmt.

10.2   Die Schnittspaltbreite

Wie die Überlegungen in Kapitel 7 zeigen, ist die Energiebilanz beim Laserstrahlschneiden nicht nur stark vom Einkoppelgrad der Schnittfuge, sondern ebenso auch von der Schnittspaltbreite abhängig. Umgekehrt zeigen Schulz und Becker /46, 85/, daß die Fugenbreite durch die Energiebilanz und die Austriebsmechanismen während des Schneidprozesses bestimmt wird. In diesem Kapitel soll nun auf experimentellem Weg die Schnittfugenbreite b unter verschiedenen Parametervariationen untersucht werden. Die Schnittpaltbreite kann nach einem Schnitt metallographisch vermessen werden. Eine statistische Auswertung eingebetteter Proben, die längs des Schnittspalts mehrmals vermessen wurden, und Mikroskopauswertungen aus Meßreihen mit jeweils dreißig Proben zeigen, daß eine maximale Schwankung der über die Werkstückdicke gemittelten Spaltbreite b von weniger 10 % auftritt.

Experimentelle Untersuchungen der Schnittspaltbreiten:

Über die Werkstückdicke betrachtet erscheint die Form der Schnittfugen zur Werkstückoberseite und -unterseite hin abgerundet. Dabei zeigen mikroskopische Untersuchungen der Fugenbreite *auf* der Werkstückoberseite, daß diese mit dem dortigen Laserstrahldurchmesser korreliert. Im folgenden soll die Schnittfugenbreite b als eine Mittelung über das Werkstück verstanden werden.

Bei Werkstücken im Dickenbereich bis 5 mm stellt sich sowohl bei Schmelzschnitten als auch im laserdominierten Bereich bei Brennschnitten eine Spaltbreite in der Größenordnung des Laserstrahlfokus ein, wobei b mit wachsender Materialstärke zunimmt. Im Vergleich Schmelzschnitte zu Brennschnitte zeigen die mit einem nichtreaktiven Schneidgas getrennten Werkstücke kleinere Fugenbreiten. Eine Verbesserung des Austriebs durch höheren Gasdruck oder den Einsatz einer Lavaldüse führt ebenfalls zu kleineren Spalten.

Eine Untersuchung, wie b von der Schneidgeschwindigkeit bei konstanter Laserleistung abhängt, zeigt bei Schmelzschnitten eine von nahe 0 m / min mit wachsender Schneidgeschwindigkeit bis v_{max} um mindestens 10 % abnehmende Fugenbreite. Bei Brennschnitten mit kleinen Laserleistungen, im sauerstoffdominierten Bereich, betragen die Schnittspaltbreiten mehrere Millimeter, vergleiche Kapitel 3. Mit wachsender Laserleistung, im laserdominierten Bereich, nehmen sie dann auf einige Zehntel Millimeter ab.

In Experimenten wird deutlich, daß eine Steigerung der dem Prozeß angebotenen Laserleistung bei jeweils maximaler Schneidgeschwindigkeit im Vergleich kleiner zu größten Trenngeschwindigkeiten auf bis zu 30 % abnehmende Fugenbreiten führt. Beim Trennen mit der Schwelleistung wird dagegen die Spaltbreite minimal. Dies führt dazu, daß beim Trennen mit der Intensitätsverteilung eines instabilen Resonators bei hochschmelzenden Materialien und kleiner Laserleistung die Spaltbreite nur so groß wie das zentrale Intensitätsmaximum sein kann, vergleiche Kapitel 9.

Weiterhin zeigen ausführliche Schneidexperimente, daß zirkular polarisiertes Licht zu gleich großen oder bis zu 10 % größeren Fugenbreiten als die lineare Polarisation, parallel zur Verfahrrichtung, führt. Die lineare Polarisation, senkrecht zur Verfahrrichtung, führt im Vergleich zur parallelen zu 30 % bis 50 % größeren Schnittspalten.

Ergebnisse der Experimente:

Im untersuchten Werkstückdickenspektrum bis 5 mm zeigt sich, daß den größten Einfluß auf die Schnittspaltbreite bei Schmelzschnitten und Brennschnitten im laserdominierten Bereich, unabhängig von Austriebs- oder Geschwindigkeitsphänomenen, der Fokusdurchmesser des Laserstrahls ausübt. Unter ausschließlicher Betrachtung der Einkoppelmechanismen kann die Fugenbreite nur kleiner oder gleich der Größe des Lichtstrahls sein. Dies bestätigen Versuche mit dem instabilen Resonator, die zeigen, daß eine Mindestintensität auf das Werkstück fallen muß, um es aufzuschmelzen. Diese beträgt einige 10^6 W / cm^2 über die gesamte Schnittfront hinweg. Die Versuche mit dem instabilen Resonator zeigen zusätzlich, daß nicht nur die Gesamtleistung, sondern auch die lokale Intensitätsverteilung entlang der Wechselwirkungszone die Spaltbreite bestimmt.

Mit wachsender Trenngeschwindigkeit werden bei gleicher Austriebskraft schmalere Schnittspalte erzeugt. Dies kann durch eine Erhöhung der Temperatur der Schmelze, da weniger Energie abfließen kann, und damit einer Verringerung ihrer Viskosität erklärt werden. Das bestätigen Rechnungen von Schulz und Becker /46,85/, die in einer geschlossenen Darstellung des stationären Problems zeigen können, daß die Schnittfugenbreite mit steigender Geschwindigkeit abnimmt. Anders als in den Rechnungen von Schulz und Becker reduziert ein verbesserter Austrieb die Schnittspaltbreite in den Experimenten; die vergrößerte Austriebskraft wirkt sich beim Trennen wie eine Verringerung der Viskosität der Schmelze aus.

Eine Vergrößerung der Fugenbreite bei Werkstücken mit zunehmender Dicke kann erklärt werden durch eine erhöhte Wärmeleitung ins Material, die den Schmelzaustrieb auf Grund einer Erhöhung der Temperatur erleichtert. Da sich, wie Schulz und Becker zeigen, die Spaltbreite in einem Zusammenspiel von Gasfluß, Energiefluß und Wärmeleitung einstellt, kann die Erleichterung des Materialaustriebs durch breitere Spalte hindurch den Schneidprozeß zusätzlich begünstigen.

Licht mit senkrechter Polarisation wird vorwiegend an den Flanken der Schnittfuge absorbiert; dies führt zu größeren Spaltenbreiten. Bei zirkularer Polarisation verursacht die im Vergleich zur parallelen Polarisation größere Absorption an den Flanken nur eine geringe Vergrößerung der Spaltbreite.

11 Experimente zum Polarisationseinfluß auf das Trennen

Die Untersuchung der Eignung des instabilen Resonators zum Trennen in Kapitel 9 zeigt, daß mit so unterschiedlichen räumlichen Intensitätsverteilungen wie der des stabilen und instabilen Resonators gleichermaßen getrennt werden kann. Der Vergleich der jeweils maximal erreichbaren Trenngeschwindigkeiten bei Molybdän, Bild 9.3, gibt aber schon einen Hinweis darauf, daß der Trennprozeß nicht nur durch die über die Schnittfront integrierte, eingekoppelte Energieflußdichte, sondern auch durch deren örtlichen Verlauf bestimmt wird.

Dieser örtliche Verlauf ist aber nicht nur abhängig von Mode und Fokussierung des Schneidlaserstrahls. Die Betrachtung der Einkoppelmechanismen beim Laserstrahlschneiden und der sich während des Schneidprozesses ausbildenden Schnittfugenbreiten in Kapitel 10 zeigen zusätzlich, daß sich in einer Selbstregelung des Prozeßablaufes einerseits die Position des Laserstrahlmittelpunktes zur Schnittfront und andererseits die Breite der Fuge einstellen. Die dadurch längs der Schnittfront und Schnittflanken einer Veränderung unterworfenen räumlichen Intensitätsverteilungen führen zu lokal unterschiedlich eingekoppelten Energiequellen entlang der Werkstückbreite und Werkstücktiefe.

Der über die Schnittfront eingekoppelte Anteil der Laserleistung wird beim Trennen zum Vorantreiben der Schmelzisotherme längs des Werkstücks benutzt. Wie die Überlegungen in Kapitel 2 zu der Lichtabsorption nach Fresnel gemeinsam mit der Darstellung der Geometrie der Wechselwirkungszone verdeutlichen, bedingt auch die Polarisation des Laserstrahls örtlich differierende Einkoppelgrade längs der dreidimensionalen Schnittfront. Die Ergebnisse aus Kapitel 10 führen nun zu der Vermutung, daß das Trennen mit zirkularer und linearer Polarisation nicht über eine eindimensionale Energiebilanz alleine erklärt werden kann.

Nach Fresnel ist die Lichtabsorption von dem Neigungswinkel α zwischen Schnittfront und Werkstückoberseite und der Laserstrahlpolarisation abhängig. Schneidexperimente mit CO_2-Laserlicht verschiedener Polarisationen zeigen, wie sich die Richtung der Polarisation des Laserlichts im Vergleich zur Schneidrichtung auf den Prozeß auswirkt. Olsen /84/ zeigt an Experimenten mit Baustahl, daß das Trennen mit linear, parallel zur Schneidrichtung polarisiertem Laserlicht zu bis zu 50 % höheren Schneidgeschwindigkeiten als mit senkrecht polarisiertem führt. Er erklärt dies mittels der Fresnelschen Absorption, die für parallel zur Schneidrichtung polarisiertes Licht entlang der Schnittfront in Schneidrichtung, wo der größte Abtrag vorgenommen werden muß, am höchsten ist.

Autoren nachfolgender Arbeiten zeigen, daß mit zirkularer Polarisation, die mathematisch eine Überlagerung aus linear paralleler und linear senkrechter ist, Schneidgeschwindigkeiten mit Werten zwischen denen für parallel und senkrecht zur Verfahrrichtung polarisiertem Laserlicht erreicht werden, vergleiche Kapitel 3. Petring et al. /8, 82, 83/ begründet dies durch Rechnungen, die ergeben, daß aufsummiert über die gesamte Fuge die linear, parallel zur Verfahrrichtung polarisierte Laserstrahlung stärker eingekoppelt wird als die zirkular polarisierte.

In eigenen Experimenten soll nun untersucht werden, ob das Trennen mit zirkularer und linearer Polarisation durch einfaches Aufsummieren der Einkoppelgrade längs der Schnittfront erklärt werden kann, oder ob es durch genauere Analyse des lokalen Zusammenspiels von Laserstrahl, Gasstrahl und Werkstück längs der Wechselwirkungszone beschrieben werden muß.

Dazu wird die maximale Schneidgeschwindigkeit als Funktion der Laserleistung mit zirkular (σ) und linear parallel ($/\!/$) oder linear, senkrecht ($\perp$) zur Verfahrrichtung polarisiertem Laserlicht bestimmt. Die Versuche werden bei unterschiedlichen Materialien mit dem 1,5 kW- und dem 5 kW-Laser durchgeführt. Mit einem Polarisationsindikator kann gezeigt werden, daß sowohl die lineare als auch die zirkulare Polarisation vollständig sind.

Für die verschiedenen Polarisationsarten werden die Fokuslagen optimiert; sie stimmen bis auf einige Zehntel Millimeter überein, vergleiche Kapitel 6.1. Die Düsenart, der Abstand der Düse zum Werkstück und der jeweilige Gasdruck werden innerhalb einer Versuchsreihe zum Einfluß der Laserstrahlpolarisation gleich gehalten.

11.1 Die maximale Trenngeschwindigkeit bei veränderten Strahlpolarisationen

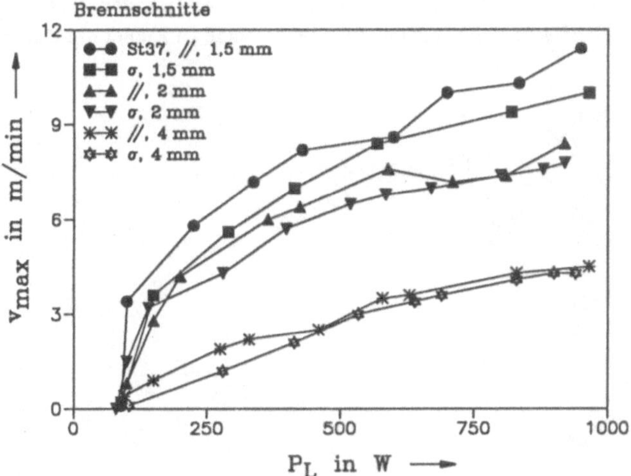

Bild 11.1: Die maximale Schneidgeschwindigkeit v_{max} als Funktion der am Werkstück zur Verfügung stehenden Laserleistung P_L im Vergleich zirkular (σ) und linear, parallel ($/\!/$) zur Verfahrrichtung polarisierter Laserstrahlung für Brennschnitte an Baustahl mit dem 1,5 kW-Laser.

Die Bilder 11.1 bis 11.7 zeigen die maximale Schneidgeschwindigkeit v_{max} als Funktion der am Werkstück zur Verfügung stehenden Laserleistung P_L im Vergleich zirkular und linear, parallel zur Verfahrrichtung ausgerichteter Polarisation. In den Bildern 11.2 und 11.3 werden zusätzlich noch Schneidergebnisse mit linear, senkrecht zur Schneidrichtung polarisierter Laserstrahlung vorgestellt.

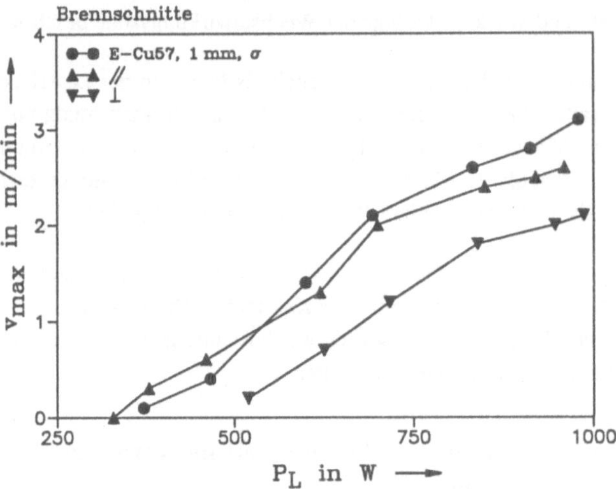

Bild 11.2: Die maximale Schneidgeschwindigkeit v_{max} als Funktion der am Werkstück zur Verfügung stehenden Laserleistung P_L im Vergleich zirkular (σ) und linear, parallel (//) sowie senkrecht (⊥) zur Verfahrrichtung polarisierter Laserstrahlung für Brennschnitte an Kupfer mit dem 1,5 kW-Laser.

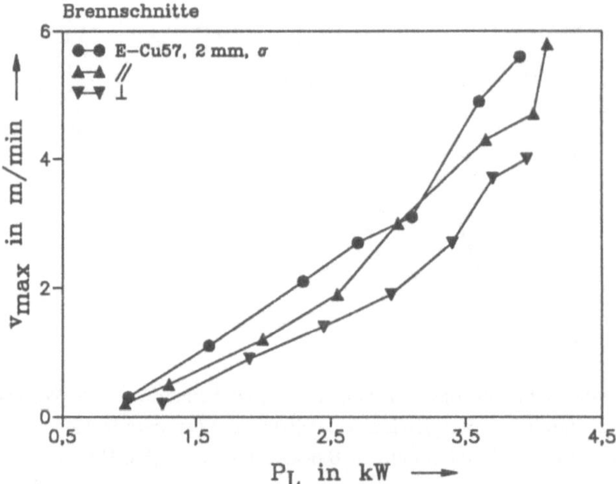

Bild 11.3: Die maximale Schneidgeschwindigkeit v_{max} als Funktion der am Werkstück zur Verfügung stehenden Laserleistung P_L im Vergleich zirkular (σ) und linear, parallel (//) sowie senkrecht (⊥) zur Verfahrrichtung polarisierter Laserstrahlung für Brennschnitte an Kupfer mit dem 5 kW-Laser.

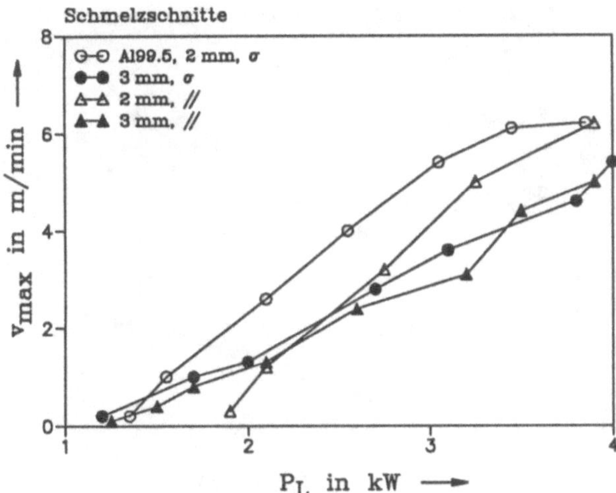

Bild 11.4: Die maximale Schneidgeschwindigkeit v_{max} als Funktion der am Werkstück zur Verfügung stehenden Laserleistung P_L im Vergleich zirkular (σ) und linear, parallel (//) zur Verfahrrichtung polarisierter Laserstrahlung für Schmelzschnitte an Aluminium mit dem 5 kW-Laser.

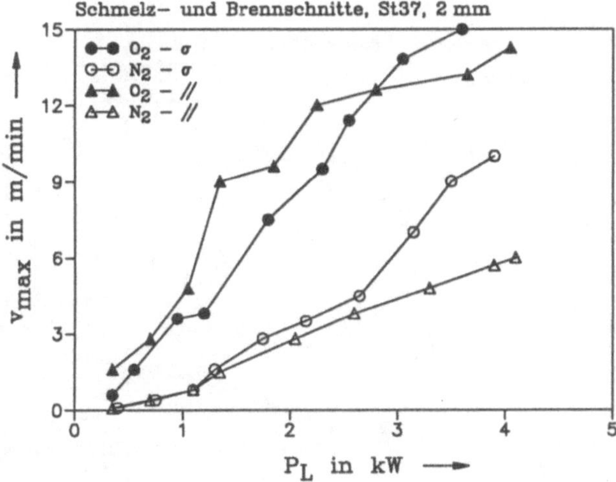

Bild 11.5: Die maximale Schneidgeschwindigkeit v_{max} als Funktion der am Werkstück zur Verfügung stehenden Laserleistung P_L im Vergleich zirkular (σ) und linear, parallel (//) zur Verfahrrichtung polarisierter Laserstrahlung für Schmelz- und Brennschnitte an Baustahl der Stärke 2 mm mit dem 5 kW-Laser.

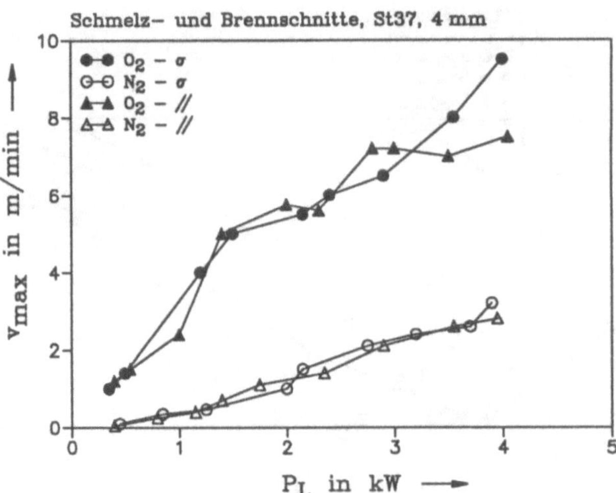

Bild 11.6: Die maximale Schneidgeschwindigkeit v_{max} als Funktion der am Werkstück zur Verfügung stehenden Laserleistung P_L im Vergleich zirkular (σ) und linear, parallel ($/\!/$) zur Verfahrrichtung polarisierter Laserstrahlung für Schmelz- und Brennschnitte an Baustahl der Stärke 4 mm mit dem 5 kW-Laser.

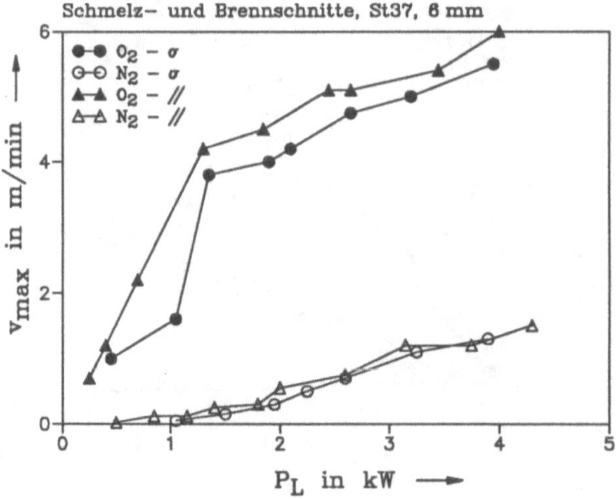

Bild 11.7 Die maximale Schneidgeschwindigkeit v_{max} als Funktion der am Werkstück zur Verfügung stehenden Laserleistung P_L im Vergleich zirkular (σ) und linear, parallel ($/\!/$) zur Verfahrrichtung polarisierter Laserstrahlung für Schmelz- und Brennschnitte an Baustahl der Stärke 6 mm mit dem 5 kW-Laser.

Die Bilder 11.1 bis 11.7 zeigen im Vergleich der maximalen Schneidgeschwindigkeiten folgendes:

Baustahl - Schmelzschnitte:

1,5 kW-Laser:	Blechstärke 1,5 mm:	∥ schneller als σ
5 kW-Laser:	Blechstärke 2 mm:	σ schneller als ∥
	Blechstärke 4 mm:	σ gleich schnell wie ∥
	Blechstärke 6 mm:	σ gleich schnell wie ∥

Baustahl - Brennschnitte:

1,5 kW-Laser:	Blechstärke 1,5 mm, 2 mm und 4 mm:	∥ schneller als σ
5 kW-Laser:	Blechstärke 2 mm:	ab 2,7 kW σ schneller ∥
	Blechstärke 4 mm:	ab 3,2 kW σ schneller ∥
	Blechstärke 6 mm:	∥ schneller als σ

Aluminium - Schmelzschnitte:

5 kW-Laser:	Blechstärke 2 mm:	σ schneller ∥
	Blechstärke 3 mm:	σ gleich schnell oder schneller als ∥

Kupfer - Brennschnitte:

1,5 kW-Laser:	Blechstärke 1 mm:	ab 520 Watt σ schneller als ∥
5 kW-Laser:	Blechstärke 2 mm:	σ gleich schnell oder schneller als ∥
		⊥ jeweils am langsamsten

Die Bilder 11.1 bis 11.7 zeigen im Vergleich der Schwelleistungen folgendes:

Baustahl-Schmelzschnitte:

   ∥ kleiner gleich σ

Baustahl-Brennschnitte:

   ∥ gleich σ

Aluminium-Schmelzschnitte:

   σ kleiner gleich ∥

Kupfer-Brennschnitte:

   ∥ kleiner σ kleiner ⊥

In einer Zusammenfassung der Schneidexperimente ergibt sich folgendes Bild: Bei kleinen Laserleistungen in der Nähe der Schwelleistung, und damit auch bei kleinen Trenngeschwindigkeiten, sind die mit dem linear, parallel zur Verfahrrichtung polarisierten Laserlicht maximal erreichbaren Verfahrgeschwindigkeiten höher als die, die mit dem zirkular polarisierten Licht möglich sind. Bei einer "kritischen" Laserleistung, die um so höher ist, je dicker das Werkstück ist, ergibt sich ein Schnittpunkt der $v_{max}(P_L)$-Kurven. Ab diesem Schnittpunkt bewegt sich der Graph, der die Schneidergebnisse mit zirkular polarisiertem Laserlicht darstellt, stark von dem, der durch das linear, parallel zur Verfahrrichtung polarisierte Licht gewonnen wird, weg zu höheren Geschwindigkeiten hin. Bei Laserleistungen am Werkstück, die höher als dieser "kritische" Wert sind, können mit dem zirkular polarisierten Licht die höchsten Schneidgeschwindigkeiten erreicht werden.

Die Größe der Laserleistung, bei der sich die Graphen des zirkular und des linear, parallel zur Schneidrichtung polarisierten Laserlichts schneiden, ist abhängig vom geschnittenen Material und vom Fokusdurchmesser des Laserstrahls. Ist diese "kritische" Laserleistung kleiner als die Schwelleistung, führt die zirkulare Polarisation bei allen Schnitten zu den schnellsten Trenngeschwindigkeiten. Bei allen Versuchen werden die kleinsten Schneidgeschwindigkeiten gemeinsam mit den größten Schwelleistungen durch die linear, senkrecht zur Verfahrrichtung polarisierte Laserstrahlung verursacht.

Entgegen den in Kapitel 3.2 vorgestellten Berechnungen von Petring et al., die zeigen, daß der Einkoppelgrad einer Schnittfront für zirkular polarisiertes Licht kleiner ist als für linear, parallel zur Verfahrrichtung polarisiertes, machen die Schneidversuche dieser Arbeit deutlich, daß die zirkulare Polarisation nicht nur zu gleich großen Schneidgeschwindigkeiten wie die parallele, sondern sogar zu größeren führen kann. Dieses im Vergleich zu den Aussagen in der Literatur überraschende Phänomen soll im folgenden weiter untersucht werden.

11.2 Die reduzierte Darstellung bei unterschiedlichen Polarisationsarten

Wie die über die Einkopplung längs der Schnittfront integrierenden Energiebilanzen aus Kapitel 7 und Kapitel 8 zeigen, kann im Vergleich zweier Schneidexperimente mit weniger eingekoppelter Laserleistung schneller getrennt werden, wenn die entstehenden Schnittspaltbreiten so viel geringer sind, daß das im Schneidprozeß erzeugte Fugenvolumen entsprechend kleiner ist. Diese Möglichkeit, die Schneidexperimente aus Kapitel 11.1 erklären zu können, soll im weiteren geprüft werden.

Metallographische Untersuchungen ergeben, daß die Spaltbreiten der mit zirkular polarisiertem Laserlicht getrennten Werkstücke gleich groß oder bis zu 10 % größer sein können als die mit linearer Polarisation, parallel zur Trennrichtung, bearbeiteten. Die Fugenbreiten bei linear, senkrecht zur Verfahrrichtung ausgerichteter Polarisation überragen die bei paralleler Ausrichtung um bis zu 50 %, siehe Kapitel 10.2.

Da mit der zirkularen Polarisation gleich große bis größere Schnittspaltbreiten als mit der linearen, parallel zur Schneidrichtung liegenden, erzielt werden, ist das pro Zeiteinheit entfernte Fugenvolumen gleich groß bis größer. Dies führt dazu, daß bei der Darstellung des Produktes aus Schneidgeschwindigkeit und Schnittspaltbreite als Funktion der auf die Werkstückdicke bezogenen Laserleistung der Graph der zirkularen Polarisation höher liegt als der der linear parallelen. Dagegen ist das mit linear, senkrecht zur Verfahrrichtung polarisierter Laserstrahlung entfernte Fugenvolumen kleiner. Die reduzierte Darstellung wird am Beispiel von Schmelzschnitten an Aluminium der Stärke 2 mm in Bild 11.8 gezeigt.

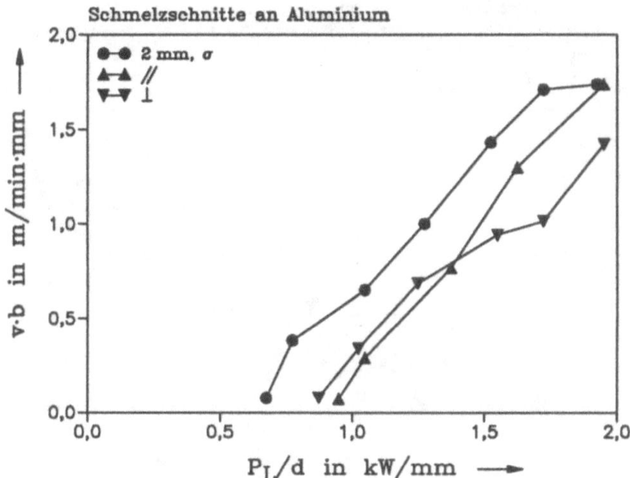

Bild 11.8: Die reduzierte Darstellung $v \cdot b = f(P_L / d)$ am Beispiel von Aluminium-Schmelzschnitten beim Vergleich zirkular (σ) zu linear, parallel (∥) und senkrecht (⊥) zur Verfahrrichtung polarisierter Laserstrahlung.

Beim Trennen mit zirkularer Polarisation wird demnach im Vergleich zur linearen, parallel zur Schneidrichtung liegenden, mehr Energie verbraucht, obwohl dem Prozeß auf Grund des vergleichsweise schlechteren Einkoppelgrades weniger Energie zur Verfügung steht. Bei senkrechter Polarisation, die am schlechtesten absorbiert wird, wird auch weniger Energie pro Zeiteinheit umgesetzt. Somit kann die reduzierte Darstellung mit der in ihr enthaltenen Energiebetrachtung die Schneidergebnisse aus Kapitel 11.1 nicht erklären.

11.3   Vergleich der Trenngeschwindigkeiten bei unterschiedlichem Gasdruck

Da während des Schneidens der Laserstrahl gemeinsam mit dem Gasstrahl mit dem Werkstück reagiert, soll im weiteren der Einfluß des Austriebs auf die mit unterschiedlichen Polarisationsrichtungen erreichbaren Schneidgeschwindigkeiten $v_{max}(P_L)$ untersucht werden, um die Schneidergebnisse aus Kapitel 11.1 besser einordnen zu können. Zusätzlich zu den Versuchen, die mit der Standarddüse und maximal 0,5 MPa ausgeführt werden, sollen Schneidexperimente mit höherem Schneidgasdruck zum Vergleich herangezogen werden. Um mit größeren Drücken als 0,5 MPa arbeiten zu können, wird eine Zweistrahl-Lavaldüse eingesetzt, die für einen Kesseldruck von 1,5 MPa ausgelegt ist, siehe Kapitel 5.2.2. Mit dem 1,5 kW-Laser werden Schmelzschnitte an Baustahl der Dicke 1,5 mm, Bild 11.9, sowie Schmelzschnitte und Brennschnitte an Aluminium, Bild 11.10 und Bild 11.11, der Stärke 2 mm durchgeführt.

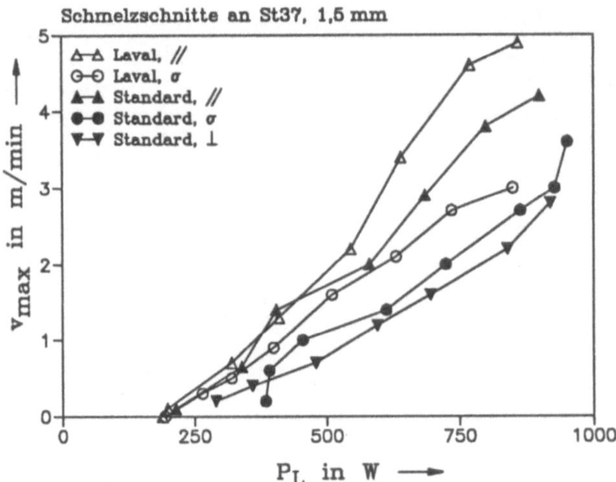

Bild 11.9: Die maximale Schneidgeschwindigkeit v_{max} als Funktion der am Werkstück zur Verfügung stehenden Laserleistung P_L im Vergleich zirkular (σ) und linear, parallel (//) sowie senkrecht (⊥) zur Verfahrrichtung polarisierter Laserstrahlung für Schmelzschnitte an Baustahl (d = 1,5 mm) mit der Standarddüse bei 0,5 MPa und mit der Zweistrahl-Lavaldüse bei 1,5 MPa Kesseldruck.

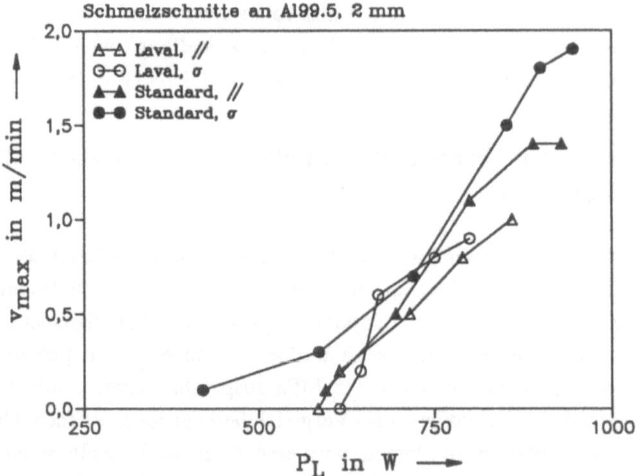

Bild 11.10: Die maximale Schneidgeschwindigkeit v_{max} als Funktion der am Werkstück zur Verfügung stehenden Laserleistung P_L im Vergleich zirkular (σ) und linear, parallel (//) zur Verfahrrichtung polarisierter Laserstrahlung für Schmelzschnitte an Aluminium (d = 2 mm) mit der Standarddüse bei 0,5 MPa und mit der Zweistrahl-Lavaldüse bei 1,5 MPa Kesseldruck.

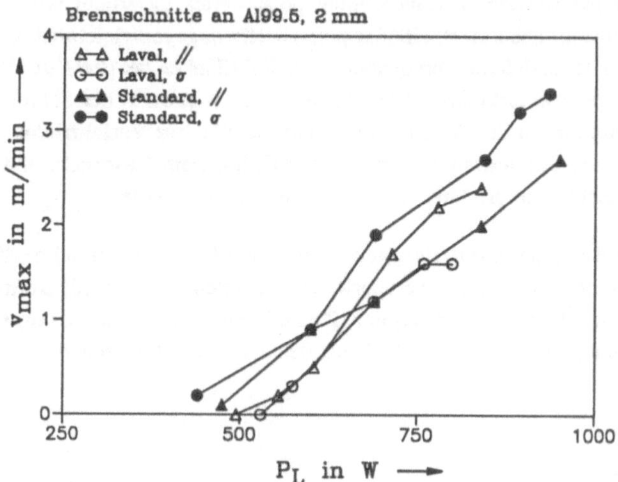

Bild 11.11: Die maximale Schneidgeschwindigkeit v_{max} als Funktion der am Werkstück zur Verfügung stehenden Laserleistung P_L im Vergleich zirkular (σ) und linear, parallel (//) zur Verfahrrichtung polarisierter Laserstrahlung für Brennschnitte an Aluminium (d = 2 mm) mit der Standarddüse bei 0,5 MPa und mit der Zweistrahl-Lavaldüse bei 1,5 MPa Kesseldruck.

Die Bilder 11.9 bis 11.11 zeigen im Vergleich der maximalen Schneidgeschwindigkeiten folgendes:

Schmelzschnitte an St37 (d = 1,5 mm):
Standarddüse: // schneller σ
Zweistrahl-Lavaldüse: // wesentlich schneller als σ

Schmelzschnitte an Al99.5 (d = 2 mm):
Standarddüse: σ schneller //
Zweistrahl-Lavaldüse: ab 650 Watt σ etwas schneller als //

Brennschnitte an Al99.5 (d = 2 mm):
Standarddüse: σ schneller //
Zweistrahl-Lavaldüse: // schneller σ

Zusammengefaßt zeigen die Bilder 11.9 bis 11.11, daß beim Vergleich der mit 0,5 MPa und mit 1,5 MPa Kesseldruck erreichbaren Schneidgeschwindigkeiten die mit linear, parallel zur Verfahrrichtung, und mit zirkular polarisiertem Laserlicht durchgeführten Experimente unterschiedlich beeinflußt werden. Beim Schneiden mit höherem Gasdruck werden jeweils die Schneidexperimente mit linear paralleler Polarisation stärker unterstützt als diejenigen mit zirkularer.

Dies kann durch unterschiedliche Temperaturen der Schmelze längs der Schnittfront gedeutet werden. Linear parallel zur Verfahrrichtung polarisiertes Laserlicht wird vor allem in der Mitte der Schnittfront absorbiert, zirkular polarisiertes dagegen gleichmäßig über die gesamte Front. Dies führt dazu, daß die Temperatur der Schnittflanken bei paralleler Polarisation kälter ist als bei Schnitten mit zirkularer Polarisation. Da die Viskosität der Schmelze mit sinkender Temperatur zunimmt, ist der Austrieb bei linear, parallel zur Verfahrrichtung, ausgerichteter Polarisation an den Schnittflanken erschwert. Mit höherem Gasdruck, und damit besserem Austrieb, kann Schmelze größerer Viskosität ausgeblasen werden.

Der Einfluß der Temperaturverteilung längs der Schnittfront auf den Schneidprozeß zeigt, wie weitergedacht werden sollte, um die unerwartet schnellen Schnitte mit zirkularer Polarisation erklären zu können. Dazu wird in Kapitel 12 eine Simulationsrechnung vorgestellt, die auf die lokalen Erwärmungen des Werkstücks längs der Schnittfront eingehen kann.

12 Simulation des Polarisationseinflusses auf den Trennvorgang

Die Ergebnisse der Schneidexperimente in Kapitel 11 zeigen, daß mit Laserlicht zirkularer Polarisation bei hohen Laserleistungen und damit vergleichsweise großen Schneidgeschwindigkeiten schneller getrennt werden kann als mit Licht einer linearen Polarisation, parallel zur Verfahrrichtung. Dies ist erstaunlich, da nach Energiebetrachtungen, die die Einkopplung an der Schnittfront als Ganzes bestimmen, siehe Kapitel 3, der Einkoppelgrad beim Laserschneiden für linear, parallel zur Verfahrrichtung polarisiertes Licht größer ist als für zirkular polarisiertes. Da trotzdem unter zirkularer Polarisation teilweise schneller geschnitten werden kann, muß eine Energiebetrachtung des Schneidprozesses neu formuliert werden.

Da die mit zirkularer Polarisation entstehenden Schnittspaltbreiten größer oder gleich denen mit paralleler Polarisation sind, wird während des Schneidprozesses mehr Energie zum Erwärmen und Aufschmelzen der Fuge bei zirkular polarisiertem Laserlicht benötigt als bei linear, parallel zur Schneidrichtung polarisiertem. Unter der Betrachtung der Energiebilanz aus Gleichung (3.3), die die zum Trennen benötigte Energie in die Anteile zum Erwärmen des Fugenmaterials auf Schmelztemperatur und anschließendem Aufschmelzen, sowie Teile zum Überhitzen der Schmelze und zur Kompensation der Wärmeleitungsverluste zusammenfaßt, müssen deshalb die Schneidergebnisse der verschiedenen Polarisationsarten entweder durch unterschiedliche Überhitzungen der Schmelze über Schmelztemperatur oder durch Veränderungen in den Wärmeleitungsvorgängen erklärt werden.

Da die Erwärmung der Schmelze so groß sein muß, daß auch der kälteste Punkt der Schnittfront Schmelztemperatur erlangt, könnte die Überhitzung bei Laserlicht zirkularer Polarisation auf Grund des homogeneren Energieeinkoppelns geringer sein. Dieser Erklärungsansatz zusammen mit einer Untersuchung der lokalen Wärmeleitungsvorgänge entlang der Schnittfuge bei unterschiedlichen Laserstrahlpolarisationen soll in diesem Kapitel mittels einer rechnergestützten Simulation betrachtet werden. Im folgenden wird zuerst die mathematische Formulierung und programmtechnische Ausführung der Simulation dargelegt. Danach werden die Ergebnisse der Rechnungen vorgestellt und erläutert.

12.1 Mathematische Beschreibung des Modells und algorithmische Umsetzung

Als Hilfsmittel stand das Finite-Elemente-Programmpaket FIDAP zur Verfügung, das mit der Finite-Elemente-Methode die Wärmeleitungsdifferentialgleichung bei Flüssigkeiten lösen kann. Mit diesem Programmsystem wird während des Laserschneidens die Wärmeleitung in einem vollständig beschriebenen Gebiet gegebener Randwertbedingungen unter Berücksichtigung der in Form eines Wärmeflusses eingekoppelten Laserenergie berechnet.

Das Problem wird zweidimensional, homogen und isotrop behandelt. Das Werkstück wird durch ein halbunendliches Medium dargestellt, das mit gleichförmiger Geschwindigkeit bewegt wird. Die Schnittfront wird als Halbkreis angenommen, der in die Schnittfuge übergeht. Die Schnittfugenbreite, die dem Durchmesser des Halbkreises gleichgesetzt wird, soll variieren können. Während das mittels Schnittfront und Schnittfuge beschriebene Werkstück mit einer Geschwindigkeit v über ein räumlich festes Rechennetz bewegt wird, bleibt die Schnittfront zum Rechennetz fest, wodurch das Vordringen der Schmelze in das Werkstück gemeinsam mit dem Schmelzaustrieb aus der Schnittfuge simuliert wird.

Über die Schnittfront wird der Schneidlaserstrahl eingekoppelt. Die gedachten Berandungen des Werkstücks sollen 500 mm um die Schnittfront und die Schnittflanken herum liegen. Bild 12.1 zeigt die Geometrie des so betrachteten Schneidproblems mit den Randwertbedingungen.

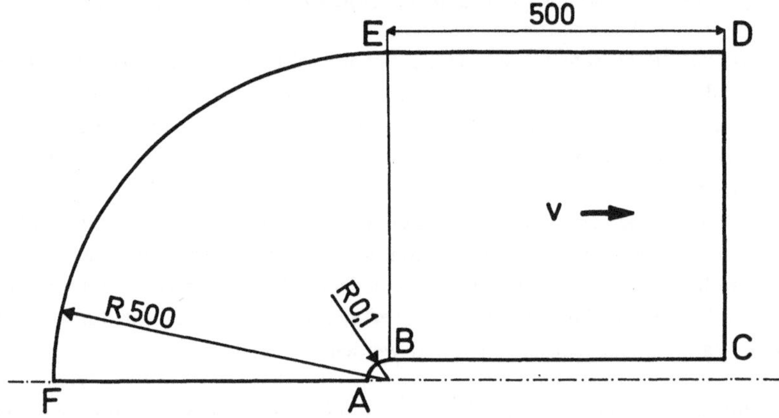

zwischen A und B: Wärmefluß $\partial Q / \partial t$
zwischen E und F: 20°C
überall sonst: $\partial Q / \partial n = 0$

Bild 12.1: Die geometrische Realisierung des Schneidprozesses und die Randwertbedingungen.

Die Symmetrie des Problems erlaubt es, nur das halbe Gebiet bis zur Symmetrieachse A-F unter der homogenen Neumannschen Randbedingung, daß längs A-F kein Wärmefluß stattfinden soll, zu berechnen. Aus Stetigkeitsüberlegungen folgt zusätzlich, daß die Isothermen senkrecht auf A-F stehen. Auch über die entstandenen Schnittflanken B-C soll kein Energiefluß möglich sein. Längs der äußeren Berandung E-F des Werkstücks gelte die Dirichletsche Randbedingung, daß E-F auf konstant 20°C gehalten wird. Für den Verlauf der Isothermen besteht bei der Größe des Gebiets kein Unterschied, ob längs E-D keine Wärmeabgabe oder eine konstante Temperatur von 20°C gefordert werden.

Über die Schnittfront A-B wird der Wärmefluß eingekoppelt (Cauchysche Randwertbedingung): dies simuliert die Wechselwirkung des Laserlichts mit dem Werkstück. Damit ist das Problem mathematisch vollständig bestimmt /76, 94/.

Neben der Geometrie und den Randwertbedingungen, die den Schneidvorgang beschreiben, soll mit den thermodynamischen Größen der zu trennende Werkstoff charakterisiert werden.

Durch eine konstante Dichte werden Festkörper und Materialschmelze dargestellt, wogegen die Wärmeleitfähigkeit temperaturabhängig ist. Über eine entsprechend angepaßte Funktion der Wärmekapazität c in Abhängigkeit von der Werkstofftemperatur T, $c = c(T)$, kann durch einen Sprung bei Schmelztemperatur die Schmelzenthalpie in der Rechnung berücksichtigt werden. Es wird keine Verdampfung des Werkstoffs einbezogen, da sie in der Literatur ausgeschlossen wird /85/.

Nach Charakterisierung der thermodynamischen Eigenschaften des Werkstücks fehlt nun noch die rechnerische Aufbereitung der für den Schneidprozeß wesentlichen Wechselwirkung zwischen Werkstück und Laserstrahl, die den Wärmefluß ins Material bedingt.

Der Wärmefluß in jedem Punkt auf der Linie A-B entspricht der dortigen lokal eingekoppelten Intensität des Laserstrahls. Das Programmsystem erlaubt es, entlang des aufgestellten Netzes der Schnittfront an jedem Knotenpunkt eine Wärmequelle vorzugeben, die in einem Unterprogramm berechnet werden kann. Zwischen den einzelnen Netzpunkten wird linear interpoliert. Eine Energieeinkopplung über das noch nicht getrennte Werkstück, die durch einen Vorlauf des Laserstrahls auf das Material verursacht würde, wird auf Grund der kleinen Absorptionskoeffizienten für senkrechten Einfall nicht berücksichtigt. Ausgehend von der Erwärmung durch die Wärmequelle wird die Wärmeleitung unter Berücksichtigung der Randwertbeschreibung gelöst.

In einem Unterprogramm wird für jeden Knotenpunkt der Schnittfront der elektrische Feldstärkevektor des Laserlichts in seine Anteile parallel und senkrecht zur Einfallsebene zerlegt. Diese Anteile werden unter Berücksichtigung des Absorptionskoeffizienten nach der Fresnelkurve, vergleiche Bild 2.1, in Abhängigkeit vom Einfallswinkel zu einer Wärmequelle umgeformt. Da die Rechnungen zweidimensional durchgeführt werden, kann die aus den Experimenten bekannte Laserleistung nicht direkt auf absolute Zahlenwerte der Simulation bezogen werden. Die Laserleistung wird in relativen Einheiten in die Rechnungen eingelesen.

12.2 Rechnerische Betrachtung der Schneidexperimente

Zur Simulation eines Laserschnitts werden nun die Werkstoffeigenschaften des interessierenden Werkstücks, die dem zu untersuchenden Schneidprozeß entsprechende Schnittfugenbreite, die Schneidgeschwindigkeit und die räumliche Intensitätsverteilung des Laserstrahls gemeinsam mit seiner Polarisation vorgegeben. Mit FIDAP können dann als zeitlich stationäre Lösungen des Schneidproblems die sich bildenden Isothermen ausgerechnet werden.

Da die Schnittfront die Schnittfuge abschließt, muß für einen unter dem jeweiligen Parametersatz möglichen Trennvorgang auch der kälteste Punkt des Halbkreises mindestens Schmelztemperatur erreichen. Dies wird als Kriterium für einen unter den gegebenen Vorgaben erfolgreichen Schnitt herangezogen.

Bild 12.2 zeigt die beiden Punkte $P_{0°}$ und $P_{90°}$ unter Kreiswinkeln ω von 0° und 90° längs der

Schnittfront, deren Temperaturen $T_{0°}$ und $T_{90°}$ nach vollendetem Rechenlauf bestimmt werden. Es zeigt sich, daß unabhängig von der Polarisationsart des Laserlichts $P_{90°}$ die kleinsten und $P_{0°}$ die größten Temperaturwerte aufweist.

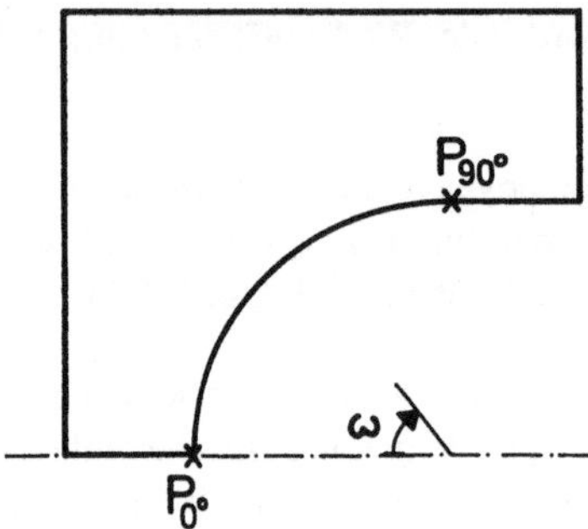

Bild 12.2: Die Punkte $P_{0°}$ und $P_{90°}$, deren Temperaturen $T_{0°}$ und $T_{90°}$ durch die Simulationsrechnung bestimmt werden.

Analog zu den Trennexperimenten, bei denen die maximale Schneidgeschwindigkeit als Funktion der dem Prozeß am Werkstück zur Verfügung stehenden Laserleistung bestimmt wird, soll nun bei den Simulationsrechnungen für eine vorgegebene Parameterkonstellation die Größe der Laserleistung errechnet werden, die bei einer gewünschten Schneidgeschwindigkeit mindestens bereitgestellt werden muß, damit $P_{90°}$ auf Schmelztemperatur erwärmt wird.

Untersucht werden soll das Trennen von Eisen mit einem Laserstrahl mit linearer Polarisation, parallel zur Verfahrrichtung, oder mit zirkularer Polarisation. Als Schneidgeschwindigkeit werden zwei Extremwerte, als kleine Geschwindigkeit 0,1 m / min und als große 15 m / min, die Maximalgeschwindigkeit der Bearbeitungsstation, mit der die meisten Experimente durchgeführt wurden, gewählt.

Um die im Simulationsprogramm eingeführte Wärmequelle längs der Schnittfuge berechnen zu können, muß die Neigung der Schnittfront entlang des Halbkreises, über den in der zweidimensionalen Rechnung eingekoppelt wird, bekannt sein. Passend zu metallographischen Auswertungen von Einschnitten an Baustahl der Stärke 2 mm wird bei linearer Polarisation im Punkt $P_{0°}$ eine Neigung von 88,8° und bei zirkularer eine von 86,3° angenommen, vergleiche Kapitel 10. Sodann wird das Absorptionsvermögen längs der Schnittfuge passend zu diesen Winkeln im Punkt $P_{0°}$ mit einem Kosinusabfall auf 89,5° im Punkt $P_{90°}$ nach der Fresnelkurve von Eisen eingesetzt.

Als räumliche Intensitätsverteilung des Laserstrahls wird ein Gauß-Grundmode TEM_{00} vorgegeben. Der Gaußmode wird durch seinen Radius r_G, hier durch einen für diese Arbeit typischen Wert von 0,1 mm, und seine Gesamtleistung charakterisiert.

Nach Kapitel 10 bewegt sich das Zentrum des Laserstrahls bezüglich der Schnittfront mit

wachsender Geschwindigkeit auf das ungeschnittene Werkstück vor. Dieses Phänomen wird
in drei Parameterstudien berücksichtigt: In der ersten Studie fällt das Maximum der Gaußverteilung hinter die hier zweidimensional modellierte Schnittfront, vergleiche Bild 12.3. Dies
entspricht beim realen Schneidprozeß der Situation bei kleinen Geschwindigkeiten, in der das
Maximum auf die dreidimensionale Schnittfront auffällt. In Bild 12.3 wird dies durch einen
Abstand des Laserstrahlmittelpunkts Δ_M von der Schnittfront als $\Delta_M > 0$ angegeben, der Laser-
stahl *läuft* der Front *nach*.

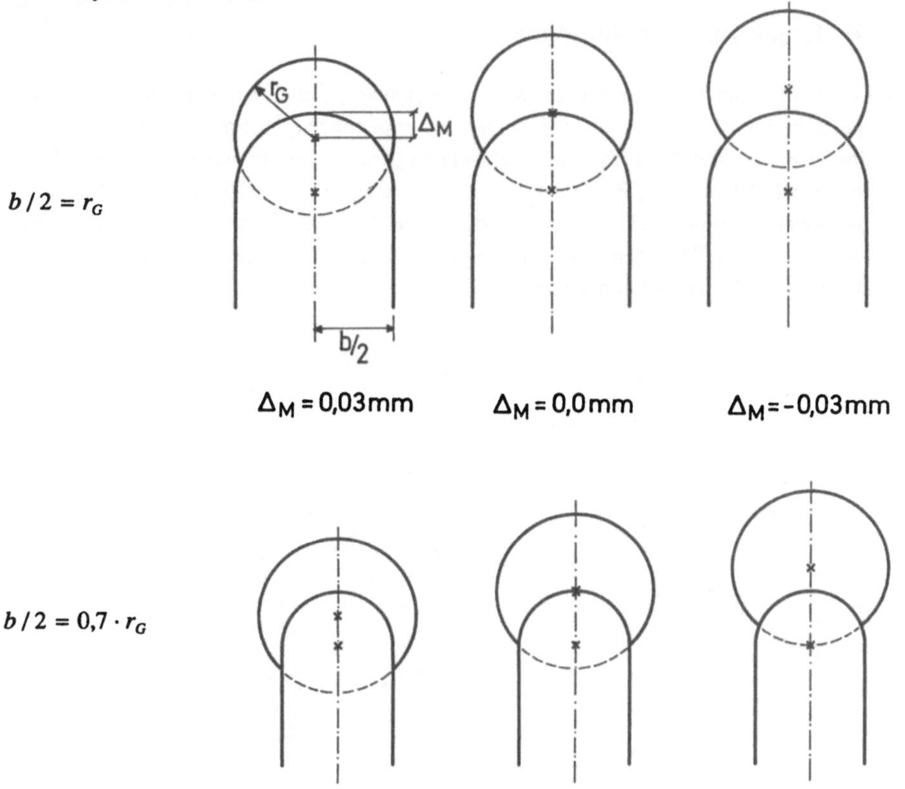

Bild 12.3: Zur Charakterisierung der Parameterstudien der Simulationsrechnungen.

In einer zweiten Untersuchung trifft das Laserstrahlmaximum die Schnittfront im Punkt P_{0°,
$\Delta_M = 0$. Dies entspricht beim realen Schneidprozeß der Situation, in der das Maximum auf der
Werkstückoberfläche auf die Schnittfront fällt.

Bei großen Trenngeschwindigkeiten kann das Zentrum des Laserstrahls der Schnittfuge
vorlaufen, $\Delta_M < 0$. Bei einem Werkstück der Dicke 2 mm kann der maximale Vorlauf, bei

dem der Gaußstrahl noch die Werkstückunterseite trifft, 0,03 mm sein. Die Rechnungen werden deswegen mit Δ_M gleich +0,03 mm, 0 mm und -0,03 mm durchgeführt.

Wie Kapitel 10.2 zeigt, kann mit zunehmender Trenngeschwindigkeit die Schnittfuge um bis zu 30 % schmaler werden. Dieser Effekt wird ebenfalls berücksichtigt. Es wird eine Schnittspaltverkleinerung von $b/2 = r_g$ bis $b/2 = 0,7 \cdot r_g$ betrachtet.

12.3 Die Ergebnisse der Simulation

Wie in Kapitel 12.1 und 12.2 beschrieben, werden bei linear, parallel zur Schneidrichtung und zirkular polarisiertem Laserlicht die minimalen Laserleistungen bestimmt, mit denen der kälteste Punkt der Schnittfront, $P_{90°}$, auf Schmelztemperatur erwärmt wird. Bei einer Geschwindigkeit von 0,1 m/min, Bild 12.4, und einer von 15 m/min, Bild 12.5, wird die für einen erfolgreichen Schnitt nach diesem Kriterium benötigte Laserleistung als Funktion des Verhältnisses Schnittspaltbreite zu Fokusdurchmesser in aufeinander bezogenen relativen Einheiten aufgetragen /95/; dabei soll der Fokusdurchmesser des Gaußstrahls $\varnothing_f$ gleich $2 \cdot r_g$ sein.

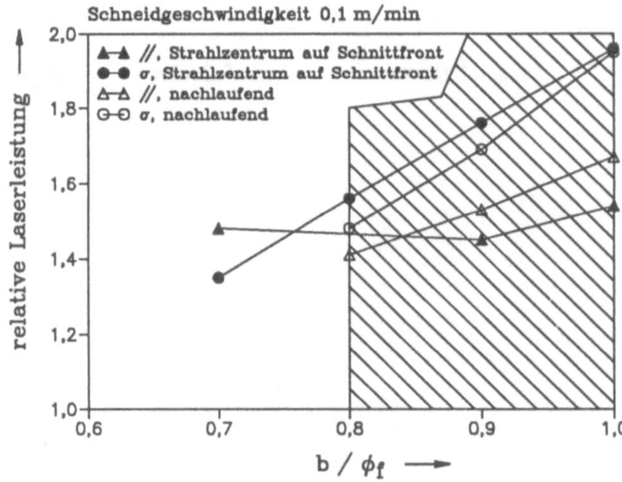

Bild 12.4: Zum Trennen mit 0,1 m/min benötigte Laserleistung in relativen Einheiten als Funktion des Verhältnisses Schnittspaltbreite zu Fokusdurchmesser des Laserstrahls. Es wird der für kleine Geschwindigkeiten wahrscheinliche Bereich $b/\varnothing_f$ schraffiert.

Simulationsergebnisse bei 0,1 m/min:

Da, wie in Kapitel 10 gezeigt, bei kleinen Trenngeschwindigkeiten ein Vorlaufen des Laserstrahlzentrums auf der Werkstückoberseite vor die Schnittfront nicht zu erwarten ist, wird bei der Trenngeschwindigkeit von 0,1 m/min ausschließlich ein Nachlaufen des Strahlzentrums und eine Position direkt auf der Schnittfront betrachtet. Ebenso ist bei geringen Schneidgeschwindigkeiten keine wesentliche Einengung der Schnittfugenbreite zu beobachten, siehe Kapitel 10.2. Deshalb kann bei der Darstellung der für einen Schnitt mit 0,1 m / min benötigten Laserleistung als Funktion des Verhältnisses der Schnittfugenbreite zum Laserstrahlfokusdurchmesser in Bild 12.4 ein wahrscheinlicher Bereich $b / \varnothing_f$ grob zwischen 1,0 und 0,8 eingegrenzt werden.

Bild 12.4 zeigt, daß die zum Trennen benötigte Laserleistung für ein Laserstrahlzentrum, das der Schnittfront nachläuft, bei zirkularer Polarisation höher ist als bei linearer, parallel zur Verfahrrichtung. Bei einem Strahlzentrum auf der Front ist die aufgetragene Laserleistung für zirkular polarisiertes Licht bis zu einem Verhältnis von Schnittfugenbreite zu Laserstrahlfokusdurchmesser $b / \varnothing_f$ von 0,75 höher. Im experimentell wahrscheinlichen Bereich kann also mit linear, parallel zur Verfahrrichtung polarisierter Laserstrahlung schneller getrennt werden als mit zirkular polarisierter Strahlung.

Die zum Trennen benötigte Leistung ist bei paralleler Polarisation und einem Strahlzentrum auf der Schnittfront am kleinsten. Dann folgen mit wachsender Laserleistung die parallele und zirkulare Polarisation mit nachlaufendem Laserstrahlzentrum; die größten Laserleistungen werden bei zirkularer Polarisation bei einem Strahlzentrum auf der Schnittfront benötigt. Für linear, parallel zur Schneidrichtung polarisiertes Licht ist bis zu einem Verhältnis $b / \varnothing_f$ von 0,83 eine Position des Strahlzentrums auf der Fuge energetisch am günstigsten. Bei zirkularer Polarisation wird bei einem nachlaufenden Strahlzentrum die geringste Laserleistung benötigt.

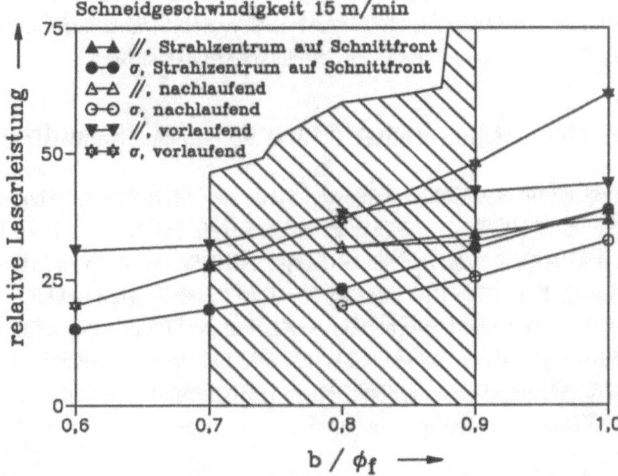

Bild 12.5: Zum Trennen mit 15 m / min benötigte Laserleistung in relativen Einheiten als Funktion des Verhältnisses Schnittspaltbreite zu Fokusdurchmesser des Laserstrahls. Es wird der für große Geschwindigkeiten wahrscheinliche Bereich $b / \varnothing_f$ schraffiert.

Simulationsergebnisse bei 15 m / min:

Es wird die zum Trennen mit einer Geschwindigkeit von 15 m / min benötigte Laserleistung zwischen linear, parallel zur Schneidrichtung und zirkular polarisiertem Laserlicht bei einem der Schnittfront nachlaufenden Strahlzentrum, einem auf der Front liegenden und einem vorlaufenden verglichen. Nach Kapitel 10.2 wird das Verhältnis Spaltbreite zu Fokusdurchmesser zwischen 1 und 0,6 variiert, wobei der experimentell wahrscheinliche Bereich zwischen 0,7 und 0,9 liegt.

Bild 12.5 zeigt für ein der Schnittfront nachlaufendes Laserstrahlzentrum, daß unabhängig von $b / \varnothing_f$ mit zirkular polarisiertem Laserlicht weniger Leistung zum Trennen benötigt wird als mit linear, parallel zur Verfahrrichtung polarisiertem. Bei einem Strahlzentrum auf der Schnittfront wird bei einem Verhältnis Schnittspaltbreite zu Fokusdurchmesser kleiner 0,96 ebenfalls mit zirkularer Strahlpolarisation weniger Leistung zum Trennen mit 15 m / min gebraucht. Für ein der Front vorlaufendes Strahlzentrum liegt der Bereich $b / \varnothing_f$, in dem zirkular polarisiertes Licht weniger Laserleistung zum Schneiden verlangt als linear, parallel polarisiertes, zwischen 0,6 und 0,82.

Unabhängig von der Schnittfugenbreite ist energetisch betrachtet Laserlicht zirkularer Polarisation mit einem Strahlzentrum auf der Schnittfront oder ihr nachlaufend günstiger als zirkular polarisiertes Licht mit vorlaufendem Strahlzentrum und günstiger als alle betrachteten Strahlpositionen bei linear, parallel zur Verfahrrichtung polarisiertem Licht. Nach Bild 12.5 benötigt ein der Schnittfront vorlaufendes Laserstrahlzentrum mehr Leistung zum Schneiden als die anderen Strahlpositionen. Bild 12.5 zeigt ebenso, daß Verhältnisse $b / \varnothing_f$ existieren, bei denen mit parallel polarisiertem Licht einer Position des Strahlzentrums schneller getrennt werden kann als mit zirkular polarisiertem einer anderen Position.

Verhältnis der Temperaturen unter 0° und 90° an der Schnittfront:

Das Temperaturverhältnis zwischen heißester Stelle der Materialschmelze, die auf der Symmetrieachse in Schneidrichtung im Punkt $P_{0°}$ liegt, vergleiche Bild 12.2, zu kältestem Ort der Schmelze, der am Übergang von der Schnittfront zu den Schnittflanken im Punkt $P_{90°}$ ist, wird durch $T_{0°} / T_{90°}$ angegeben. Eine Betrachtung von $T_{0°} / T_{90°}$ zeigt, daß bei einer Geschwindigkeit von 0,1 m / min das Temperaturverhältnis bei zirkularer Polarisation für alle untersuchten Parameterkombinationen einen Wert kleiner 1,6 und bei linearer Polarisation kleiner 1,7 einnimmt. Diese Temperaturverhältnisse erscheinen realistisch, da die heißeste Stelle der Schnittfront $P_{0°}$ unter Verdampfungstemperatur bleibt.

Bei einer Trenngeschwindigkeit von 15 m / min nimmt $T_{0°} / T_{90°}$ bei einer zirkularen Laserlichtpolarisation für alle untersuchten Parameterkonstellationen einen Wert von rund 3 und bei einer linearen Polarisation von rund 6 ein. Das führt zu unrealistisch hohen Temperaturen unter dem Winkel 0°, wenn gefordert wird, daß die Schmelze am Übergang der Schnittfront zu den Schnittflanken, im Punkt $P_{90°}$, mindestens Schmelztemperatur erreichen soll. Hier wird die Grenze der Simulationsrechnung deutlich, die den Schmelzaustrieb nur über die im Vergleich zum Laserstrahl stationäre Schnittfront modelliert. So wird keine Verschiebung der Schnittfront auf Grund veränderter Temperaturen der Schmelze und dadurch geänderten Viskositätswerten möglich.

12.4 Interpretation der Ergebnisse

Die zweidimensionale Simulation des Laserschneidens, die in diesem Kapitel vorgestellt wird, beruht auf einer Wärmeeinkopplung längs einer als Halbkreis vorgegebenen Schnittfront. Die Absorption entlang dieses Halbkreises ist einem typischen Schnittfrontverlauf im oberen Werkstückbereich angepaßt, dessen Konsequenz ein bei zirkularer Laserstrahlpolarisation kleinerer Einkoppelgrad der Schnittfront im Vergleich zur linear, parallel zur Verfahrrichtung ausgerichteten Polarisation ist (vergleiche Petring /8/).

An Hand den experimentellen Ergebnissen der vorhergehenden Kapitel angepaßten Parameterkonstellationen bezüglich der Position der Laserstrahlachse zur Schnittfront und des Verhältnisses Schnittfugenbreite zu Fokusdurchmesser, $b / \varnothing_f$, kann durch die Simulation gezeigt werden: Bei einer Schneidgeschwindigkeit von 0,1 m / min, die hier als Beispiel für eine kleine Geschwindigkeit gelten soll, ist die parallele Polarisation in einer Vielzahl der untersuchten Parametervariationen und in der Mehrzahl der für geringe Trenngeschwindigkeiten realistischen Verhältnisse von Schnittfugenbreite zu Laserstrahlfokusdurchmesser energetisch günstiger als die zirkulare. Bei einer Geschwindigkeit von 15 m / min, welche als Wert für eine große Trenngeschwindigkeit gewählt wird, werden Parameterkonstellationen im experimentell realistischen Bereich von $b / \varnothing_f$ gezeigt, bei denen Laserlicht einer zirkularen Polarisation weniger Leistung als dasjenige einer parallelen für den Trennprozeß benötigt und somit zu größeren Schneidgeschwindigkeiten führen kann. Im Unterschied zur globalen Energiebetrachtung, wie sie zum Beispiel in Kapitel 7 vorgestellt wird, werden diese Ergebnisse durch Betrachtung der längs der Schnittfront lokal eingekoppelten Laserleistung zusammen mit den Wärmeleitungseffekten von dieser erwärmten Schnittfront ins Werkstück hinein, gewonnen.

Mit Hilfe der Simulationsrechnung kann also das experimentelle Phänomen aus Kapitel 11 erklärt werden, das Schneidergebnisse zeigt, bei denen die zirkulare Polarisation trotz geringerer Einkopplung zu den größeren Geschwindigkeiten als die linear, parallel zur Schneidrichtung ausgerichtete führt.

Allerdings ist das Verhältnis der Temperaturen von heißester zu kältester Stelle der Schnittfront bei hohen Schneidgeschwindigkeiten zu groß. Dies zeigt als Mangel des Modells, daß durch die Vorgabe einer zum Laserstrahl ortsfesten Schnittfront deren durch das Zusammenspiel von Austrieb und Schmelze bedingte Verschiebung nicht erfaßt werden kann. Eine Korrektur des Temperaturgefälles längs der Schnittfront kann durch eine in Schneidrichtung weiter ins Werkstück hinein gebogene, nun nicht mehr halbkreisförmige Front erreicht werden, wozu der Schmelzaustrieb in die Simulation einbezogen werden muß.

Wie in den Bildern 12.4 und 12.5 zusätzlich deutlich wird, ist die zum Trennen benötigte Laserleistung nicht nur von der Polarisationsart abhängig, sondern auch von der Lage des Laserstrahlzentrums bezüglich der Schnittfuge und der Breite der Fuge im Verhältnis zum Fokusdurchmesser des Laserstrahls. Mit zunehmender Einschnürung der Fugenbreite wird weniger Laserleistung zum Trennen benötigt, was erklärt, warum die entstehende Fuge bei konstanter Laserleistung und wachsender Schneidgeschwindigkeit schmaler wird. Dabei kann ein vor der Schnittfront liegendes Laserstrahlzentrum nur bei verkleinerten Fugenbreiten energetisch von Vorteil sein. Eine Laserstrahlachse auf der Schnittfront ist dagegen vor allem bei paralleler Polarisation genauso günstig wie ein nachlaufendes Zentrum.

13   Zusammenfassung und Schlußfolgerungen

An Hand umfangreicher und vor allem vergleichbarer Schneidexperimente an einem breiten Werkstoffspektrum, zu dem einerseits die zum Stand der Laserschneidtechnik zählenden Stähle, Aluminium- und Titanwerkstoffe gehören, und andererseits auch für diese Fertigungstechnik neue Materialien, wie Molybdän oder Silber, bietet diese Arbeit detaillierte Untersuchungen zum CO_2-Laserschneiden von Metallen. Als Schneidlaser bei Schmelzschnitten und Brennschnitten mit Sauerstoff werden zwei handelsübliche Laser mit stabilem Resonator und 1,5 kW beziehungsweise 5 kW Ausgangsleistung und ein am Institut für Strahlwerkzeuge entwickelter 4 kW-Laser mit instabilem Resonator eingesetzt.

In Gegenüberstellung dieser drei Laser wird in Schneidversuchen die maximale Trenngeschwindigkeit v_{max} als Funktion der am Werkstück zur Verfügung stehenden Laserleistung P_L unter Variation der Werkstückdicke und des Prozeßgases bestimmt. Die Interpretation der Experimente zeigt das für die Verbreitung des Laserschneidens wichtige Ergebnis, daß *jedes* Metall getrennt werden kann, sobald die durch Wärmeleitungsverluste bedingte Schwellleistung überwunden wird. Da lange Zeit Laser mit zum Schneiden ausreichender Strahlqualität nur im Leistungsbereich unter 1000 Watt zur Verfügung standen, erklärt dies, warum einige Metalle im Ruf von schwer oder gar nicht trennbar standen.

Ein Vergleich von Sauerstoff und nichtreaktiven Gasen als Schneidgas führt zu unterschiedlichen $v_{max}(P_L)$-Graphen. In den Laserbrennschnitten wird ein vielschichtiger Einfluß des Sauerstoffs auf den Trennprozeß sichtbar. Bei Materialien, die während des Schneidens selbständig abbrennen, ist zwar eine große Geschwindigkeitszunahme mit kleinen Leistungssteigerungen über die Schwelleistung hinaus zu erreichen, aber der Sauerstoffgasdruck muß sorgfältig eingestellt werden, um ein unkontrolliertes Abbrennen zu verhindern.

Durch Schnitte an Aluminium und Magnesium wird gezeigt, daß Sauerstoff nicht immer zu höheren Trenngeschwindigkeiten führt als ein inertes Schneidgas. Durch die freiwerdende exotherme Energie und die erhöhte Absorption an den sich während des Prozesses bildenden Metalloxiden steht dem Prozeß zwar mehr Energie zur Verfügung, aber wenn im Vergleich zur Schmelztemperatur des zu trennenden Metalls hochschmelzende Oxide entstehen, wird der Austrieb erschwert, was die mögliche Schneidgeschwindigkeit wieder verringert. Es sollte abhängig vom Anwendungsfall entschieden werden, ob Oxidhäute auf den getrennten Werkstückteilen eine Weiterverarbeitung behindern. Bei hochreflektierenden Stoffen wie Kupfer kann ein Brennschnitt die einzige Möglichkeit darstellen, im kommerziell angebotenen Laserleistungsbereich zu schneiden.

Bei Laserschnitten wird neben der durch die Wärmeleitungsverluste bedingten Schwelleistung die maximal erreichbare Schneidgeschwindigkeit eines Materials auch durch seine thermophysikalischen Größen und sein Absorptionsvermögen bestimmt. Dies führt zu sich schneidenden $v_{max}(P_L)$-Kurven unterschiedlicher Werkstoffe. Ein Material mit hoher Wärmeleitfähigkeit aber geringem Energiebedarf zum Erstellen der die Werkstückteile trennenden Fuge kann mit ausreichender Leistung schneller geschnitten werden als eines mit geringeren Wärmeleitungsverlusten aber größerem Energiebedarf zum Erwärmen und Aufschmelzen der Fuge. Die

Schneidbarkeit eines Metalls kann also nicht durch seine Schwelleistung allein gekennzeichnet werden. Als Beispiel hierfür kann Silber dienen.

Die experimentelle Überprüfung, wodurch die maximale Schneidgeschwindigkeit bedingt wird, führt zu folgendem Ergebnis: Soll die erreichbare Trenngeschwindigkeit einer Schneidanwendung weiter gesteigert werden, müssen entweder die verfügbare Laserleistung oder die Fokussierbarkeit des Laserstrahls und der Schmelzaustrieb verbessert werden, da die physikalischen Größen eines Werkstoffs nicht verändert werden können.

Nachdem eine Energieanalyse zeigt, daß die Trenneigenschaften eines Metalls nicht aus den zur Zeit verfügbaren theoretischen Modellen allein bestimmt werden können, bietet die reduzierte Darstellung, die auf *einer* experimentell ermittelten Versuchsreihe basiert, das geeignete Hilfsmittel für die Fertigungstechnik. Mit der Darstellung der maximalen Trenngeschwindigkeit multipliziert mit der Schnittspaltbreite als Funktion der auf die Materialstärke normierten Laserleistung wird die Energie pro Zeiteinheit zum Erzeugen der Schnittfuge aufgetragen. Bei Materialien, deren Schmelze mit dem zur Verfügung stehenden Schneidgasstrahl ausgetrieben werden kann, bietet diese Aufbereitung der Schneiddaten dem Anwender die Möglichkeit zur Skalierung. Es kann ausgehend von *einer* Versuchsreihe auf mögliche Trenngeschwindigkeiten bei veränderten Werkstückdicken, veränderten Laserleistungen und Strahlfokussierungen geschlossen werden.

Die als Ausgangspunkt benötigte *eine* Versuchsreihe kann dem Datenmaterial dieser Arbeit entnommen werden.

Wie die reduzierte Darstellung zeigt, kann für Materialien entsprechender Stärke oder durch Wärmeleitungsverluste bedingter großer Schwelleistung selbst bei niedrigen Trenngeschwindigkeiten ein Laser so hoher Ausgangsleistung benötigt werden, daß er mit instabilem Resonator aufgebaut sein muß. Im Vergleich des Trennens mit Lasern mit stabilem Resonator zeigen sich Laser mit instabilem Resonator als gleichwertiges oder sogar besseres Werkzeug für die Fertigungstechnik. Ihr verändertes Intensitätsprofil mit einer zentralen Intensitätsspitze und umliegenden Beugungsringen kann in speziellen Anwendungsfällen günstiger sein als das Intensitätsprofil eines stabilen Resonators. Durch die mögliche Verschiebung des nach der Fokusebene wieder auftauchenden Nahfeldrings ist eine weitere Optimierungsmöglichkeit gegeben.

Mit der reduzierten Darstellung, die verdeutlicht, wie Schneidexperimente der unterschiedlichsten Parametervariationen miteinander korrelieren, zeigt sich der Einkoppelgrad, der angibt, welcher Anteil der am Werkstück zur Verfügung stehenden Laserenergie im Trennprozeß genutzt werden kann, zusammen mit der Schnittfugenbreite, die ein Maß für die zum Trennen benötigte Energie ist, als wesentliche Größe des Schneidvorgangs. In einer Erweiterung der Schneidversuche kann ergänzend herausgearbeitet werden, daß umgekehrt die Laserstrahleinkopplung und die sich während des Prozesses einstellende Schnittspaltbreite auch von der maximalen Schneidgeschwindigkeit abhängen.

Die Schneidexperimente zum Polarisationseinfluß beim Lasertrennen zeigen gemeinsam mit den Simulationsrechnungen, daß zum Verständnis des Schneidprozesses eine skalare Energiebetrachtung, die die Einkopplung über die Schnittfront integriert, nicht ausreicht. Ein Schnitt ist das Ergebnis eines feinen Zusammenspiels von entlang der Schnittfront lokal variierender Absorption, Wärmeleitung und Austriebsmechanismen zusammen mit einer sich anpassenden Schnittfugenbreite, einer sich verschiebenden Schnittfront und dadurch einer sich ändernden Position des Laserstrahlzentrums im Verhältnis zur Front.

Zusammenfassend kann die Absorption der Laserstrahlung beim Lasertrennen folgendermaßen *neu formuliert* werden:

An der Schmelze wird das Laserlicht gemäß den Fresnelschen Formeln absorbiert. Bei paralleler Polarisation geschieht eine einfache Absorption an der Schnittfront, bei senkrechter wird die ungünstigere Strahleinkopplung durch Mehrfachreflexionen entlang der entsprechend gekrümmten Front verbessert; die zirkulare Polarisation, die mathematisch als Überlagerung zweier linearer identifiziert werden kann, kann durch einen aus beiden Bereichen überlagerten Prozeß beschrieben werden. Der Laserstrahl, dessen Fokusdurchmesser größer als die Projektion der Schnittfront ist, verschiebt sich relativ zur Front bei Steigerung der Schneidgeschwindigkeit. Bei minimalen Trenngeschwindigkeiten fällt das Zentrum des Laserstrahls auf die Schnittfront auf, bei maximalen Trenngeschwindigkeiten kann es so weit in Richtung des noch nicht getrennten Werkstücks verschoben sein, daß es eventuell sogar auf die Oberfläche selbst trifft. Dies erklärt auch die Maximalgeschwindigkeit als Grenzgeschwindigkeit des Prozesses: bei weiterer Steigerung der Trenngeschwindigkeit und sich parallel vergrößerndem Vorlauf würde die einkoppelbare Laserleistung nicht mehr zum Trennen ausreichen. Bei Erhöhung der momentanen Schneidgeschwindigkeit unter konstanter Laserleistung paßt sich die Absorption an den Prozeß an. Der Prozeß nimmt sich die Energie, die er braucht.

Dieser Vorlauf erklärt zudem, wie bei Brennschnitten eine vorlaufende Oxidation die Einkopplung verbessern kann. Er gibt auch einen Hinweis darauf, daß mit Lasern anderer Wellenlänge, wie zum Beispiel Festkörperlasern, eine Prozeßsteigerung durch die unter senkrechtem Einfall größere Absorption erreicht werden kann.

Einen direkt zu messenden Einfluß auf die erreichbaren Schneidgeschwindigkeiten üben diese sich selbst regelnden Mechanismen beim Trennen mit unterschiedlichen Laserstrahlpolarisationen aus. Die Experimente zum Polarisationseinfluß beim Lasertrennen zeigen, daß bei gegebener Prozeßgeschwindigkeit die jeweils günstigere Polarisationsart abhängig ist von Werkstückdicke, Werkstoff und Austriebsmechanismus, wobei die zirkulare Polarisation bei großen Schneidgeschwindigkeiten günstiger sein kann als die linear, parallel zur Verfahrrichtung ausgerichtete Polarisation. Bekannt ist, daß zum Konturenschneiden entweder mit zirkularer Polarisation oder mit einer Polarisationsnachführung gearbeitet werden muß, um eine gleichmäßige Schnittqualität an den Kanten zu erhalten. Eine Polarisationsnachführung bedeutet allerdings einen erhöhten technischen Aufwand. Mit den Ergebnissen dieser Arbeit kann nun das Trennen mit zirkularer Polarisation durchaus als adäquate Alternative zur Polarisationsnachführung beim Konturenschneiden gesehen werden, da nicht nur die Richtungsunabhängigkeit bei gleichzeitig verbesserten Schnittqualitäten, sondern eventuell die größeren Schneidgeschwindigkeiten erreicht werden können.

In dieser Arbeit wird ein zweifacher Zugang zum Laserschneiden vorgestellt. Einerseits werden dem Prozeß übergeordnete Prinzipien erarbeitet, die es ermöglichen, Aussagen über das Trennen der unterschiedlichsten Metalle mit Lasern verschiedener Leistungsklassen und mit stabilem oder instabilem Resonator zu treffen. Andererseits wird durch Darstellung einer lokalen Selbstregelung des Prozesses über die Laserstrahleinkopplung, die Schnittspaltbreite und die Positionierung der Schnittfront unter dem Laserstrahl das Verständnis der Wechselwirkung Laserstrahl-Werkstück vertieft. Mit diesem Wissen kann eine Verbesserung konkreter Schneidergebnisse erzielt werden.

14 Literaturverzeichnis:

/ 1/ WEICK, J.-M.: *Laserschneiden in Verbindung mit Stanzen und Umformen*. In: Strahltechnik : Vorträge der 2. Int. Konf. Strahltechnik in Essen, September 1985. Düsseldorf: DVS-Verlag, 1985, S. 90-92 (DVS-Bericht 99).

/ 2/ BEHNISCH, H.: *Neuerungen aus der Entwicklung und Anwendung von Laserstrahlen in der Materialbearbeitung*. Laser und Optoelektronik **21** (1989) Nr. 3, S. 86-97.

/ 3/ ARATA, Y.; MARUO, H.; MIYAMOTO, I.; TAKEUCHI, S.: *Dynamic Behavior in Laser Gas Cutting of Mild Steel*. Trans.J.W.R.I. **8** (1979) Nr. 2, S. 15-26.

/ 4/ ARATA, Y.; MARUO, H.; MIYAMOTO, I.; TAKEUCHI, S.: *Quality in Laser-Gas-Cutting Stainless Steel and Its Improvement*. Transactions of JWRI **10** (1981) Nr. 2, S. 129-139.

/ 5/ DECKER, I.; RUGE, J.; ATZERT, U.: *Physical Models and Technological Aspects of Laser Gas Cutting*. In: SPIE Vol 455 (1983), S. 81-87.

/ 6/ DAURELIO, G.; DELL'ERBA, M.; CENTO, L.: *Cutting Copper Sheets by CO_2-Laser*. Lasers & Applications, März 1986, S. 59-63.

/ 7/ Norm DIN 2310 Teil 5, 1989. *Entwurf: Thermisches Schneiden*.

/ 8/ PETRING, D.; ABELS, P.; BEYER, E.; HERZIGER, G.: *Werkstoffbearbeitung mit Laserstrahlung, Teil 10 : Schneiden von metallischen Werkstoffen mit CO_2-Hochleistungslasern*. Feinwerktechnik & Meßtechnik **96** (1988) Nr. 9, S. 364-372.

/ 9/ KÖNIG, W.; TRASSER, FR.-J.: *Anwendungspotential von CO_2-Hochleistungslasern zum Trennen von nichtmetallischen Werkstoffen*. Laser Magazin (1989) Nr. 6, S. 20-25.

/10/ DAUSINGER, F.: *Lasers with Different Wave Length - Implications for Various Applications*. In: Bergmann, H.W. (Hrsg.): Proc. of the 3rd European Conf. on Laser Treatment of Materials, 1990, Erlangen (ECLAT '90). Coburg: Sprechsaal Publ., 1990, Vol. 1, S. 1-14.

/11/ SCHULZ, W.; SIMON, G.; URBASSEK, H.M.; DECKER, I.: *On Laser Fusion Cutting of Metals*. J.Phys.D: Appl.Phys. **20** (1987) S. 481-488.

/12/ HUMMEL, R.E.: *Optische Eigenschaften von Metallen und Legierungen*. Berlin: Springer, 1971.

/13/ BERGMANN;SCHAEFER: *Lehrbuch der Experimentalphysik*, Bd. 3 Optik. Berlin: Walter de Gruyter, 1978.

/14/   LANDOLT-BÖRNSTEIN: *Zahlenwerte und Funktionen*, Neue Serie, Bd. 15. Berlin: Springer, 1985.

/15/   GERTHSEN-KNESER-VOGEL: *Physik*. Berlin: Springer, 1986.

/16/   BRÜCKNER, M.; SCHÄFER, J.H.; UHLENBUSCH, J.: *Ellipsometric Measurement of the Optical Constants of Solid and Molten Aluminum and Copper at* $\lambda=10{,}6\mu m$. J.Appl. Phys. **66** (1989) Nr. 3, S. 1326-1332.

/17/   NUSS, R.; BIERMANN, S.: *Auswirkung der Polarisation beim Laserstrahlschneiden.* Laser und Optoelektronik, **19** (1987) Nr. 4, S. 389-392.

/18/   SCHREINER-MOHR, U.; DAUSINGER, F.; WIEDMAIER, M.: *Trennen mit CO_2-Hochleistungslasern - Einsatz instabiler Resonatoren.* Laser und Optoelektronik **22** (1990) Nr. 6, S. 51-55.

/19/   SCHREINER-MOHR,U.: *Schneiden mit CO_2-Lasern.* In: Schriftliche Fassung der Vorträge zum Seminar: Laser in der Fertigungstechnik, veranstaltet vom IFSW der Universität Stuttgart und vom Zentrum Fertigungstechnik Stuttgart (ZFS): am 04.07. 1991 in Stuttgart. Stuttgart: Zentrum Fertigungstechnik Stuttgart, 1991.

/20/   HAFERKAMP, H.; HOMBURG, A.: *Wettbewerb Laserschneiden mit Nd:YAG und CO_2-Lasern.* Laser Magazin (1991) Nr. 4, S. 8-13.

/21/   DECKER, I.; GIERE, R.; RUGE, J.; GOSSEN, R.: *Laserstrahlschneiden von Aluminiumwerkstoffen, Teil 1.* ALUMINIUM **64** (1988) Nr. 11, S. 1144-1150.

/22/   HODGSON, N.: *Untersuchung von Extraktionswirkugsgrad, Strahlqualität und Dejustierempfindlichkeit optischer Resonatoren unter Berücksichtigung der nichtlinearen Wechselwirkung.* Techn. Universität Berlin, FB Physik, Dissertation (D83), 1990.

/23/   WEBER, H.: *Laserresonatoren und Strahlqualität.* Laser und Optoelektronik **20** (1988) Nr. 2, S. 60-66.

/24/   WAGNER, H.P.; BORIK, S.; GIESEN, A.: *Änderung der Eigenschaften optischer Komponenten bei Bestrahlung.* In: Waidelich, W. (Hrsg.): Vorträge des 9. Int. Kongr. Laser '89 Optoelektronik in der Technik. Berlin: Springer, 1990, S. 789-794.

/25/   ZOSKE, U.: *Modell zur rechnerischen Simulierung von Laserresonatoren und Strahlführungssystemen.* Universität Stuttgart, Dissertation, 1992.

/26/   SIEGMAN, A.E.: *Lasers*. Mill Valley, Calif. USA: University Science Books, 1986.

/27/   HÜGEL, H.: *Hochleistungs-Gaslaser*. Laser und Optoelektronik **17** (1985) Nr. 1, S. 21-27.

/28/   HÜGEL, H.: *Strahlwerkzeug Laser*. Stuttgart: Teubner, 1992 (Teubner Studienbücher).

/29/   BEYER, E.; PETRING, D.: *State of the Art in Laser Cutting with CO_2 Lasers*. In: Ream, A.L. (Hrsg.): Proc. of the Laser Materials Processing ICALEO '90, Boston (Mas.) USA. Orlando (Fl): Laser Institute of America, 1990, S. 199-212 (LIA Vol. 71).

/30/   RIPPER, G.; HERZIGER, G.: *Werkstoffbearbeitung mit Laserstrahlung: Teil 5: Fokussierung von Laserstrahlung am Beispiel des CO_2-Lasers*. Feinwerktechnik & Meßtechnik **92** (1984) Nr. 6, S. 297-302.

/31/   BEYER, E.; MÄRTEN, O.; BEHLER, K.: *Schneiden mit Laserstrahlung*. Laser und Optoelektronik **17** (1985) Nr. 3, S. 282-290.

/32/   BEA, M.; BORIK, S.; GIESEN, A.; ZOSKE, U.: *Untersuchung der transienten Eigenschaften optischer Komponenten und Korrektur durch adaptive Optiken*. Laser und Opotoelektronik **21** (1989) Nr. 4, S. 60-66.

/33/   DAUSINGER, F.; EDLER, R.; BÄCHLE, E.; SCHREINER, U.; RIEHLE, K.: *Geschwindigkeitsbegrenzende Faktoren beim Laserstrahlschneiden von schwer trennbaren metallischen Werkstoffen*. In: Waidelich, W. (Hrsg.): Vorträge des 9. Int. Kongr. Laser '89 Optoelektronik in der Technik. Berlin: Springer, 1990, S. 605-609.

/34/   GIERE, R.; DECKER, I.; RUGE, J.; MALESSA, R.: *Laserstrahlschneiden von Aluminiumwerkstoffen, Teil 2*. ALUMINIUM **64** (1988) Nr. 12, S. 1247-1252.

/35/   BERGER, P.; HERRMANN, M.; HÜGEL, H.: *Untersuchungen von Laserschneiddüsen*. In: Waidlich, W. (Hrsg.): Vorträge des 9. Int. Kongr. Laser '89 Optoelektronik in der Technik. Berlin: Springer, 1990, S. 630-634.

/36/   PETRING, D.; ABELS, P.; BEYER, E.; NÖLDECHEN, W.; PREISSIG, K.U.: *Laser Beam Cutting of Highly Alloyed Thick Section Steels*. In: Waidelich, W. (Hrsg.): Vorträge des 9. Int. Kongr. Laser '89 Optoelektronik in der Technik. Berlin: Springer, 1990, S. 599-604.

/37/   MÜLLER, R.; GEIGER, M.: *Die Bedeutung der Gasführung beim Laserstrahlschneiden von kurzglasverstärkten Verbundwerkstoffen*. Laser und Optoelektronik **22** (1990) Nr. 3, S. 46-53.

/38/   SEPOLD, G.; ROTHE, R.: *Laser Beam Cutting of Thick Steel*. In: Proc. of the Optical Communications Symposium ICALEO '83, Los Angeles (CA) USA. Toledo (OH):

Laser Institute of America, 1984, S. 156-159 (LIA Vol. 40).

/39/ THOMASSEN, F.B.; OLSEN, F.O.: *Experimental Studies in Nozzle Design for Laser Cutting*. In: Kimmitt, M.F. (Hrsg.): Proc. of the 1st Int. Conf. on Lasers in Manufacturing (LIM 1) Brighton 1983. Oxford: North Holland Publishing Company, 1983, S. 169-180.

/40/ ZEFFERER, H.; PETRING, D.; BEYER, E.: *Investigations of the Gas Flow in Laser Beam Cutting*. In: Strahltechnik : Vorträge und Posterbeiträge der 3. Int. Konf. Strahltechnik in Karlsruhe, März 1991. Düsseldorf: DVS-Verlag, 1991, S. 210-214 (DVS-Bericht 135).

/41/ EDLER, R.; BERGER, P.: *New Nozzle Concept for Cutting with High Power Lasers*. In: Proceedings of ICALEO '91, San José (CA) USA. im Druck.

/42/ EDLER, R.; BERGER, P.: *Vorstellung eines neuen Düsenkonzepts zum Lasertrennen*. Laser und Optoelektronik **23** (1991) Nr. 5, S. 4-11.

/43/ Norm DIN 4768, 1974. *Ermittlung der Rauheitsmeßgrößen R_a, R_z, R_{max} mit elektrischen Tastschnittgeräten*.

/44/ EMMEL, A.; OLSEN, F.O.; BERGMANN, H.W.: *Contribution to Oxygen Assisted CO_2-Laser Cutting*. Opto Elektronik Magazin **5** (1989) Nr. 1, S. 57-61.

/45/ ZEFFERER,H.; PETRING, D.; BEYER, E.; GEBEL, W.; BEHR, F.: *Schmelzschneiden von hochlegierten Chrom-Nickel-Stählen mit CO_2-Laserstrahlung*. VDI-Z **133** (1991) Nr. 6, S. 46-56.

/46/ SCHULZ, W.; BECKER, D.: *On Laser Fusion Cutting: The Self-Adjusting Cutting Kerf Width*. In: Gaillard, M.L. (Hrsg.): Proc. on High Power Lasers and Laser Machining Technology, 1989, Paris. Bellingham (Wa): SPIE, 1989 (SPIE Proceedings Series, Vol. 1132).

/47/ SCHULZ, W.; SIMON, G.; VICANEK, M.: *Influence of the Oxidation Process in Laser Gas Cutting*. In: Kreutz, E.W. (Hrsg.): Proc. of High Power Lasers, Den Haag, 1987. Bellingham (WA) USA: SPIE, 1987, S. 331-336 (SPIE Proceedings Series, Vol. 801).

/48/ GIERE, R.; DECKER, I.; RUGE, J.: *Festigkeitseigenschaften laserstrahlgeschnittener Stähle*. In: Waidelich, W. (Hrsg.): Vorträge des 9. Int. Kongr. Laser '89 Optoelektronik in der Technik. Berlin: Springer, 1990, S. 619-624.

/49/ JUCKENATH, B.; BERGMANN, H.W.; GEIGER, M.; KUPFER, R.: *Cutting of Aluminium and Titanium Alloys by CO_2-Lasers*. In: Waidelich, W. (Hrsg.): Vorträge des 9. Int.

Kongr. Laser '89 Optoelektronik in der Technik. Berlin: Springer, 1990, S. 595-598.

/50/ DECKER, I.; RUGE, J., HAN, Y.-H.: *Laserschneiden von Titanwerkstoffen.* Schweißen und Schneiden **37** (1985) Nr. 8, S. 356-362.

/51/ POWELL, J.; KING, T.G.: *Cut Edge Quality Improvement by Laser Pulsing.* In: Kimmitt, M.F. (Hrsg.): Proc. of the 2nd Int. Conf. on Lasers in Manufacturing (LIM 2) Birmingham, 1985. Bedford: IFS (Publications) Ltd, 1985, S. 37-45.

/52/ MIYAMOTO, I.; MARUO, H.: *The Mechanism of Laser Cutting.* IIW-LCWG (1988).

/53/ EDLER, R.: *Theoretische und experimentelle Untersuchungen zum Laserschneiden von Aluminium.* Universität Stuttgart, Diplomarbeit, 1988 (Institut für Strahlwerkzeuge: IFSW 1988-8).

/54/ VICANEK, M.; SIMON, G.: *Momentum and Heat Transfer of an Inert Gas Jet to the Melt in Laser Cutting.* J.Phys.D: Appl.Phys. **20** (1987) S. 1191-1196.

/55/ WEICK, J.M.; STORZ, W.: *Neue Aspekte zum Trennen von Metallen mit CO_2-Lasern.* Laser und Optoelektronik **20** (1988) Nr. 2, S. 48-51.

/56/ ARNOLD, P.: *Kostenersparnis durch Optimierung des Einstechvorgangs.* Laser Magazin (1988) Nr. 4, S. 18-21.

/57/ NUSS, R.; GEIGER, M.: *Verfahrensgrundlagen zum Laserstrahlschneiden.* Laser und Optoelektronik **20** (1988) Nr. 2, S. 88-93.

/58/ BIERMANN, S.; NUSS, R.; GEIGER, M.: *Effects of Beam-Workpiece-Motions System Interactions on the Working Accuracy of Laser Cutting of Sheet Metals.* In: Kreutz, E.W. (Hrsg.): Proc. of High Power Lasers, Den Haag, 1987. Bellingham (WA) USA: SPIE, 1987, S. 322-330 (SPIE Proceedings Series, Vol. 801).

/59/ OLSEN, F.; ANDERSEN, K.E.; RABEN, N.; THOMASSEN, F.B.: *Investigations in Methods for Adaptive Control of Laser Cutting.* In: Proc. of Int. Conf. on Laser Advanced Materials Processing - Science and Applications - 1987, Osaka (LAMP '87). Osaka: High Temperature Society of Japan, 1987, S. 267-273.

/60/ OLSEN, F.O.: *Investigations in Methods for Adaptive Control of Laser Processing.* Opto Elektronik Magazin **4** (1988) Nr. 2, S. 168-175.

/61/ HAN, Y.-H.; DECKER, I; RUGE, J.: *Einfluß der Legierungselemente auf den Laserstrahlschneidprozeß.* In: Waidelich, W. (Hrsg.): Vorträge des 9. Int. Kongr. Laser '89 Optoelektronik in der Technik. Berlin: Springer, 1990, S. 610-614.

/62/ MENZIES, I.A.; POWELL, J.: *Cutting with Laser Beams*. In: 2. Europäische Konf. über Laser-Materialbearbeitung (ECLAT '88), 1988, Bad Nauheim. Düsseldorf: Deutscher Verlag für Schweißtechnik, 1988, S. 1-9 (DVS-Berichte Band 113).

/63/ JUCKENATH, B.; BIERMANN, S.; BERGMANN, H.W.: *Cutting of Al-Alloys Using High Pressure Coaxial Nozzle*. In: Laser Materials Processing (Proc. of the Materials Processing Conference ICALEO '89, Orlando (Florida) USA. Orlando (Fl): Laser Institute of America, 1989, S. 216-227 (L.I.A. Vol. 69).

/64/ DECKER, I.; GIERE, R.; RUGE, J.: *Einfluß der Werkstoffeigenschaften beim Laserstrahlschneiden von Aluminiumwerkstoffen*. In: 2. Europäische Konf. über Laser-Materialbearbeitung (ECLAT '88), Bad Nauheim, 1988. Düsseldorf: Deutscher Verlag für Schweißtechnik, 1988, S. 9-13 (DVS-Berichte Band 113).

/65/ URSU, I; ET AL.: *Early Oxidation Stage of Copper During cw CO_2 Laser Irradiation*. Appl.Phys.Lett. **44** (1984) Nr. 2, S. 188-189.

/66/ DAURELIO, G.: *Copper Sheets Laser Cutting: A New Goal on Laser Material Processing*. In: Proc. of Int. Conf. on Laser Advanced Materials Processing - Science and Applications - 1987, Osaka (LAMP '87). Osaka: High Temperature Society of Japan, 1987, S. 261-266.

/67/ POCKLINGTON, D.N.: *Application of Lasers to Cutting Copper and Copper Alloys*. Materials Science and Technology **5** (1989) Nr. 1, S. 77-86.

/68/ SCHREINER-MOHR, U.; EDLER, R.; WIEDMAIER, M.: *Trennen mit Multikilowattlasern*. In: Schriftliche Fassung der Vorträge zum Lasersymposium 1990, veranstaltet von TECLAS, am 26.09.1990 in Stuttgart. Stuttgart: Institut für Strahlwerkzeuge der Universität Stuttgart, 1990.

/69/ BACH, F.-W.; HAFERKAMP, H.; VINKE, T.; WITTBECKER, J.-S.: *Staub-, Aerosol-, Gasemissionen beim Laserschneiden*. Laser Magazin (1988) Nr. 1, S. 23-25.

/70/ ROTHE, R.: *Beitrag zur Optimierung des thermischen Schneidens mit CO_2-Hochleistungslasern*. Düsseldorf: VDI-Verlag GmbH, 1986 (Fortschrittberichte VDI, Reihe 2, Nr. 113).

/71/ LEPORE, M.; DELL'ERBA, M.; ESPOSITO, C.; DAURELIO, G.: *An Investigation of the Laser Cutting Process with the Aid of a Plane Polarized CO_2 Laser Beam*. Optics and Lasers in Engineering **15** (1983) Nr. 4, S. 241-251.

/72/ ESPOSITO, C.; DAURELIO, G.: *On Cutting and Penetration Welding Processes with High Power Lasers*. Optics and Lasers in Engineering **7** (1985) Nr. 6, S. 1-9.

/73/ BRODÉN, G.; KETTING, H.-O.: *Einfluß der Reinheit des Schneidsauerstoffs beim Laserstrahlbrennschneiden*. Schweißen und Schneiden **41** (1989) Nr. 8, S. 379-382.

/74/ OLSEN, F.O.: *Investigations in Optimizing the Laser Cutting Process*. In: Metzbower, E.A. (Hrsg.): Laser in Materials Processing Metals, Park (Ohio) USA. American Society for Metals, 1983, S. 64-81.

/75/ TIKHOMIROV, A.V.; ET AL.: *Metals Cut with CO_2-Lasers*. J.Automat.Weld. **34** (1982) Nr. 3, S. 49-51.

/76/ CARSLAW, H.S., JAEGER, J.C.: *Conduction of Heat in Solids*. Oxford: Clarendon Press, 1959.

/77/ SCHUÖCKER, D.: *Physikalische Aspekte des Schneidens mit gepulsten Lasern*. Laser und Optoelektronik **18** (1986) Nr. 1, S. 55-60.

/78/ BUNTING, K.A.; CORNFIELD, G.: *Toward a General Theory of Cutting: A Relationship between the Incident Power Density and the Cut Speed*. Transactions of ASME, J. of Heat Transfer, Feb. 1975, S. 116-122.

/79/ ROTHE, R.; SEPOLD, G.; TESKE, K.: *Laserschneiden von Blechen im Dickenbereich von 3 bis 30 mm*. In: Schweißen und Schneiden: Vorträge der gleichnamigen Großen Schweißtechnischen Tagung, Berlin, 1982. Düsseldorf: DVS-Verlag, 1982, S. 40-74 (DVS-Berichte 74).

/80/ ROTHE, R.: *Optimierung des Schneidens von Metallen mit CO_2-Hochleistungslasern*. In: Strahltechnik : Vorträge der 2. Int. Konf. Strahltechnik in Essen, September 1985. Düsseldorf: DVS-Verlag, 1985, S. 81-84 (DVS-Bericht 99).

/81/ SIMON, G. ET AL.: private Mitteilung.

/82/ PETRING, D.; ABELS, P.; BEYER, E.: *Absorption Distribution on Idealized Cutting Front Geometries and Its Significance for Laser Beam Cutting*. In: SPIE Vol. 1020, S. 123-131. Hamburg: 1988.

/83/ PETRING, D.; ABELS, P.; BEYER, E.: *The Absorption Distribution as a Variable Property during Laser Beam Cutting*. In: Bruck, G. (Hrsg.): Laser Materials Processing (Proc. of the 7th Int. Congr. on Applications of Lasers and Electrooptics ICALEO '88, Santa Clara (Calif.) USA. Berlin: Springer, 1989, S. 293-302.

/84/ OLSEN, F.O.: *Cutting with Polarized Laser Beams*. In: Strahltechnik : Vorträge der Int. Konferenz Strahltechnik in Essen, Mai 1980. Düsseldorf: DVS-Verlag, 1980, S. 197-200 (DVS-Berichte 63).

/85/   SCHULZ, W.; BECKER, D.: *On Laser Fusion Cutting: A Closed Formulation of the Process*. In: Bergmann, H.W. (Hrsg.): European Scientific Laser Workshop on Mathematical Simulation, Lisabon 1989. Coburg: Sprechsaal Publishing Group, 1989, S. 178-200.

/86/   LOOSEN, P.; BEYER, E.; HERZIGER, G.; KRAMER, R.: *Werkstoffbearbeitung mit Laserstrahlung, Teil 7*. Feinwerktechnik & Meßtechnik **95** (1987) Nr. 4, S. 221-224.

/87/   BORN, M.; WOLF, E.: *Principles of Optics*. Oxford: Pergamon Press, 1980.

/88/   BEA, M.; HENNIG, W.: *Laserstrahlen aus der 'Steckdose': Flexible Laserbearbeitung unter industrienahen Bedingungen*. Technische Rundschau **82** (1990) Nr. 34, S. 46-50.

/89/   GIESEN, A.; BORIK, S.; SCHREINER, U.; DAUSINGER, F.: *Vermessung fokussierender Systeme für Hochleistungs-CO_2-Laser*. In: Waidlich, W. (Hrsg.): Vorträge des 8. Int. Kong. Laser '87 Optoelektronik in der Technik. Berlin: Springer, 1987, S. 483-487.

/90/   JUCKENATH, B.; BIERMANN, S.; BERGMANN, H.W.: *Cutting of Al-Alloys Using High Pressure Coaxial Nozzle*. In: Laser Materials Processing (Proc. of the Materials Processing Conference ICALEO '89, Orlando (Florida) USA. Orlando (Fl): Laser Institute of America, 1989, S. 216-227 (L.I.A. Vol. 69).

/91/   SCHREINER, U.; BÄCHLE, E.; EDLER, R.; RIEHLE, K.; DAUSINGER, F.: *Laser Cutting of Non-Ferrous Metals*. In: Laser Materials Processing (Proc. of the Materials Processing Conference) ICALEO '89, Orlando (Florida) USA. Orlando (Fl): Laser Institute of America, 1989, S. 139 (L.I.A. Vol. 69).

/92/   D'ANS-LAX: *Taschenbuch für Chemiker und Physiker*, Bd. 1. Berlin: Springer, 1967.

/93/   KEILMANN, F.; GIESEN, A.; WAHL, T.; BORIK, S.: *Charakterisierung von CO_2-Laserstrahlen durch Plexiglaseinbrand*. Laser Magazin (1987) Nr. 4, S. 42-47.

/94/   SCHWARZ, H.R.: *Methode der finiten Elemente*. Stuttgart: Teubner, 1984.

/95/   SCHREINER-MOHR, U.; DAUSINGER, F.; HÜGEL, H.: *New Aspects of Cutting with CO_2-Lasers*. In: Laser Materials Processing (Proc. of the Materials Processing Conference) ICALEO'91, San José (CA) USA. im Druck.

Aus den unter der Anleitung der Verfasserin durchgeführten Studien- und Diplomarbeiten nachfolgend genannter Studenten wurden Ergebnisse für die vorliegende Arbeit herangezogen: Edgar Bächle, Jan Baur, Thomas Beck, Klaus Birkenmaier, Markus Habiger, Klaus Riehle, Mathias Wiedmaier.

Nachwort

Die vorliegende Arbeit entstand während meiner Tätigkeit als wissenschaftliche Mitarbeiterin am Institut für Strahlwerkzeuge (IFSW) der Universität Stuttgart. Sie basiert teilweise auf Ergebnissen, die während meiner Forschungstätigkeit auf dem Projekt 13 N 54330 entstanden sind, das vom Bundesministerium für Forschung und Technologie (BMFT) gefördert wurde.

Mein besonderer Dank gilt Herrn Prof. Dr.-Ing. habil. H. Hügel, der diese Arbeit angeregt und durch wertvolle Hinweise sowie seine ständige Diskussionsbereitschaft gefördert hat.

Dank gebührt Herrn Prof. Dr.-Ing. K. Siegert für die Übernahme des Koreferates.

Danken möchte ich Herrn Dr. rer. nat. F. Dausinger für die Begleitung dieser Arbeit durch wissenschaftliche und technische Diskussionen sowie seine persönlichen Hinweise.

Gerne danke ich Herrn Dipl.-Ing. Rainer Edler für die vielen wissenschaftlich besonders befriedigenden Diskussionen rund um das Laserschneiden.

Ihm und Frau Dr.-Ing. Karin Grünewald danke ich für ihr persönliches Engagement und ihre Freundschaft.

Den Mitarbeitern des Instituts für Strahlwerkzeuge der Universität Stuttgart danke ich für die freundschaftliche Zusammenarbeit. Besonders möchte ich hier die Herrn Manfred Frank und Gunther Schock erwähnen, die mich bei der technischen Realisierung des Polarisationsdrehers unterstützten, sowie Herrn Dr.-Ing. Johannes Arnold, Herrn Dipl.-Ing. Martin Bea, Herrn Dipl.-Ing. Markus Beck und Herrn Dr.-Ing. Achim Holzwarth. Ebenso danke ich allen, die im Rahmen von Studien- und Diplomarbeiten wertvolle Beiträge zu dieser Arbeit geleistet haben.

Ursula Mohr   Stuttgart, im April 1992

Hügel
Strahlwerkzeug Laser

Eine Einführung

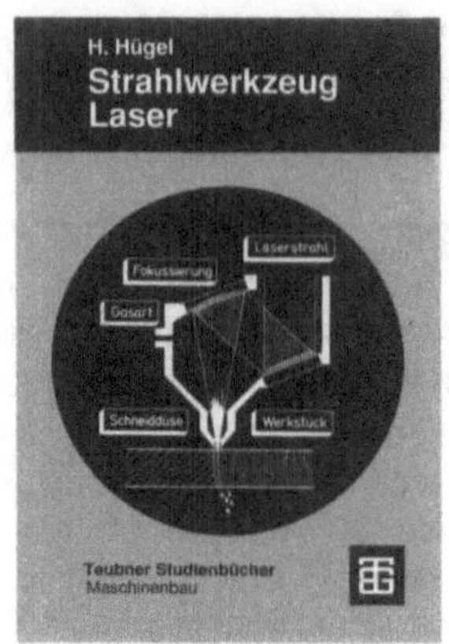

Mit der wachsenden Bedeutung des Lasers in der industriellen Fertigung steigt der Bedarf an qualifizierten Mitarbeitern, die den Einsatz dieses Werkzeugs schon bei der Konstruktion eines Produktes und der Planung des Fertigungsablaufs in Betracht ziehen. Dazu ist das Verständnis der Funktion des gesamten Systems der Werkzeugmaschine Laser ebenso erforderlich wie die Kenntnis der Vorgänge am Werkstück und die daraus resultierenden fertigungstechnischen Möglichkeiten.

Demgemäß umfaßt der Stoff alle relevanten Teilaspekte von der Entstehung der Laserstrahlung bis hin zum Bearbeitungsverfahren. In anschaulicher Form werden sowohl die wichtigsten physikalischen und technologischen Grundlagen wie auch die erforderlichen technischen Einrichtungen dargestellt.

Bei der Behandlung der Verfahren stehen allgemeingültige Zusammenhänge zwischen den Prozeßparametern und den Bearbeitungsergebnissen im Vordergrund.

Das Buch wendet sich an Studierende ingenieurwissenschaftlicher Disziplinen – insbesondere des Maschinenbaus – und an bereits auf diesem Gebiet tätige Ingenieure. Es soll ihnen ein fundiertes Grundlagenwissen zu einem modernen Werkzeug vermitteln.

Von Prof. Dr.-Ing. habil.
Helmut Hügel
Universität Stuttgart
Institut für Strahlwerkzeuge

1992. X, 357 Seiten
mit 305 Bildern.
13,7 x 20,5 cm.
Kart. DM 39,–
ISBN 3-519-06134-1

Teubner Studienbücher

Preisänderungen vorbehalten.

Aus dem Inhalt

Grundlagen des Lasers: Erzeugung von Laserstrahlung, Resonatoren und ihre Moden, Polarisation – Laser für die Materialbearbeitung: CO_2-, Nd:YAG- und Excimer-Laser – Strahlführung und Strahlformung – Bearbeitungsstationen – Wechselwirkung Laserstrahl/Werkstück – Verfahren der Materialbearbeitung: Schneiden, Abtragen, Schweißen, Härten und Legieren – Wirtschaftlichkeitsbetrachtungen – Sicherheitsaspekte